高等院校机械类创新型应用人才培养规划教材

机械工程专业毕业设计指导书

主　编　张黎骅　吕小荣
副主编　张道文　吕小莲
参　编　杨仁强　孙　亮
　　　　赵　超　佘小草

内 容 简 介

毕业设计是高等学校本科教学计划的重要组成部分,是针对应届毕业生必不可少的教学阶段。本书精选了往届毕业生的毕业设计作为实例贯穿全文,通过实例对学生易混的概念及设计难点进行讲解剖析,使学生容易理解接受。

本书共分 8 章,第 1、2、3 章分别介绍了毕业设计的目的意义、现状特点、课题类型成果形式以及毕业设计的基本结构和写作概述;第 4、5、6 章分别具体阐述了机械设计类、机械制造类和机械电子工程类毕业设计的设计内容、要求和设计的方法与步骤;第 7 章对毕业设计的修改与答辩及成绩评定进行了介绍;第 8 章选取了 5 个较为典型的毕业设计案例,通过这些案例的分析、详细传授毕业设计的思路方法、步骤和技巧。

图书在版编目(CIP)数据

机械工程专业毕业设计指导书/张黎骅,吕小荣主编. —北京:北京大学出版社,2011.6
高等院校机械类创新型应用人才培养规划教材
ISBN 978-7-301-18805-7

Ⅰ. ①机… Ⅱ. ①张…②吕… Ⅲ. ①机械工程—毕业实践—高等学校—教学参考资料 Ⅳ. ①TH

中国版本图书馆 CIP 数据核字(2011)第 070977 号

书　　　　名:	机械工程专业毕业设计指导书
著作责任者:	张黎骅　吕小荣　主编
策 划 编 辑:	童君鑫
责 任 编 辑:	姜晓楠
标 准 书 号:	ISBN 978-7-301-18805-7/TH·0238
出　版　者:	北京大学出版社
地　　　　址:	北京市海淀区成府路 205 号　100871
网　　　　址:	http://www.pup.cn　http://www.pup6.com
电　　　　话:	邮购部 010-62752015　发行部 010-62750672　编辑部 010-62750667
电 子 邮 箱:	pup_6@163.com
印　刷　者:	北京虎彩文化传播有限公司
发　行　者:	北京大学出版社
经 销 者:	新华书店
	787 毫米×1092 毫米　16 开本　10.75 印张　242 千字
	2011 年 6 月第 1 版　2022 年 7 月第 5 次印刷
定　　　　价:	32.00 元

未经许可,不得以任何方式复制或抄袭本书之部分或全部内容。
版权所有,侵权必究　　举报电话:010-62752024
　　　　　　　　　　　电子邮箱:fd@pup.pku.edu.cn

前　言

毕业设计是教学过程的最后阶段采用的一种总结性的教学实践环节。进行毕业设计能够使学生综合应用所学的各种理论知识和技能，能够对学生进行全面、系统、严格的技术及基本能力的练习。高等院校机械类专业的涵盖面很广，不仅包括机械制造、机械设计、机械电子工程等通用专业，还包括工程机械、汽车与拖拉机、农业机械、食品机械等具有行业特点的专业。目前，全国每年学习机械类专业的本科生达到上百万人，所以机械类本科生希望能有一本符合本科院校毕业设计所需，既有系统理论，又能联系实际的毕业设计参考书。

对于工科专业来说，毕业设计是应届本科毕业生完成在校期间最后的学业，是获得相应学士学位的必要条件。毕业设计不仅能反映学生掌握本专业的基础理论、专门知识和基本技能的程度，而且还能体现学生从事科学研究工作或者担负专门技术工作的能力。所以，毕业设计工作对于学生个人、教师及学校而言都是十分重要的，搞好毕业设计阶段的工作，是高等院校全体师生员工的共识。

毕业设计不同于毕业论文，它的组成部分不只是一篇学术论文。随着科学技术的发展，各个高等院校对机械类专业毕业设计的内容提出了一定的要求。2004年以前，机械工程专业毕业设计内容一般包括：毕业设计图样＋说明书（毕业论文）。2005年以后，国家教育部门对机械工程专业毕业设计内容提出了新的要求，结合工厂需求加入了三维设计，模拟仿真及程序分析研究。其中包括毕业设计图样（三维"UG，Pro/E，CAM，CAXA，SolidWorks"、CAD二维工程图）、开题报告、任务书、实习报告、说明书正文。毕业论文是毕业生总结性的独立作业，是学生运用在校所学的基本知识和基础理论分析、解决一两个实际问题的实践锻炼过程。毕业论文主要包括题目、摘要、关键词、目录、正文、参考文献、注释、附录等内容。

为了提高应届毕业生的写作能力，进一步提高毕业设计的质量，编者结合自己多年的教学实践和指导毕业设计的成果总结，编写了《机械工程专业毕业设计指导书》。本书力求能有助于毕业设计工作的规范化，为机械类专业的广大学生和教师提供切实可行的指导方案与参考实例。

本书由四川农业大学张黎骅、吕小荣任主编；西华大学张道文、滁州学院吕小莲任副主编；参加编写的人员还有重庆大学杨仁强和孙亮、浙江农林大学赵超、西南大学余小草。编者在本书编写过程中得到了四川农业大学、重庆大学的许多老师和同学的真诚帮助，也参考和借鉴了许多国内公开出版的专著和教材，在此一并致谢。

由于编者水平有限，书中难免存在不足和疏漏之处，恳请广大读者批评指正。

编　者
2011年1月

目　　录

第1章　绪论 …………………… 1

  1.1　毕业设计的目的及意义 ……… 1

    1.1.1　毕业设计的目的 ……… 1

    1.1.2　毕业设计的意义 ……… 1

  1.2　毕业设计的现状及特点分析 …… 2

    1.2.1　毕业设计的现状 ……… 2

    1.2.2　毕业设计的特点及其分析 ……… 3

  1.3　机械类毕业设计的课题类型及成果形式 ……… 3

    1.3.1　机械类毕业设计的课题类型 ……… 3

    1.3.2　机械类毕业设计的成果形式 ……… 5

  1.4　毕业设计的基本要求 ……… 6

第2章　大学毕业设计的基本结构 …… 7

  2.1　题名 ……… 7

    2.1.1　题名的定义 ……… 7

    2.1.2　题名的意义 ……… 7

    2.1.3　题名的要求 ……… 8

    2.1.4　题名词语的修饰 ……… 9

    2.1.5　题名常见的弊病 ……… 10

  2.2　摘要 ……… 10

    2.2.1　摘要的意义 ……… 10

    2.2.2　摘要的特点 ……… 10

    2.2.3　摘要的编写 ……… 10

  2.3　关键词 ……… 13

    2.3.1　关键词的定义 ……… 13

    2.3.2　关键词的选择原则 ……… 14

    2.3.3　关键词与题名 ……… 14

    2.3.4　关键词与层次标题 ……… 15

  2.4　引言 ……… 16

    2.4.1　引言的意义 ……… 16

    2.4.2　引言的内容 ……… 16

    2.4.3　引言的篇幅 ……… 19

  2.5　正文 ……… 19

    2.5.1　概述 ……… 19

    2.5.2　正文的内容 ……… 19

  2.6　结果与结论 ……… 24

    2.6.1　结果 ……… 24

    2.6.2　结论 ……… 25

  2.7　致谢 ……… 25

  2.8　参考文献 ……… 26

    2.8.1　参考文献的类型及标志代码 ……… 26

    2.8.2　参考文献的功能 ……… 26

    2.8.3　参考文献的标注法 ……… 27

  2.9　附录 ……… 30

第3章　毕业设计的写作概述 ……… 32

  3.1　毕业设计的基本概念 ……… 32

    3.1.1　设计的含义 ……… 32

    3.1.2　毕业设计的定义 ……… 32

    3.1.3　毕业设计的基本目标与意义 ……… 33

  3.2　毕业设计的功能与特点 ……… 33

    3.2.1　毕业设计的功能 ……… 33

    3.2.2　毕业设计的特点 ……… 34

  3.3　毕业设计的总体步骤 ……… 34

  3.4　毕业设计的选题 ……… 36

    3.4.1　选题的基本原则 ……… 36

    3.4.2　课题的特点与要求 ……… 36

    3.4.3　课题分配原则和方法 ……… 38

  3.5　课题调研 ……… 39

    3.5.1　课题调研的目的与要求 ……… 39

    3.5.2　课题调研的内容、途径与方法 ……… 40

3.6 毕业设计的开题报告 ……………… 41
 3.6.1 开题报告的写作规范 …… 41
 3.6.2 开题报告撰写范文 ……… 41
3.7 毕业设计的撰写规范 …………… 43
 3.7.1 科学实验论文 …………… 43
 3.7.2 管理和人文学科类论文
   撰写格式 ………………… 45
 3.7.3 毕业设计报告的撰写 …… 45
 3.7.4 其他要求 ………………… 46
3.8 毕业设计的成绩考核 …………… 46
 3.8.1 毕业设计的评阅工作和
   评语要求 ………………… 46
 3.8.2 毕业论文的答辩工作和
   评语基本内容 …………… 46
 3.8.3 毕业论文成绩的评定 …… 47

第4章　机械设计类毕业设计 ……… 49

4.1 设计的过程和内容 ……………… 49
 4.1.1 机械产品设计的要求及
   全过程 …………………… 49
 4.1.2 机械设计类毕业设计的
   过程及工作内容 ………… 50
4.2 机械设计类毕业设计的方法和
  步骤 ……………………………… 51
 4.2.1 机械产品的功能
   原理设计 ………………… 51
 4.2.2 机械产品的总体设计 …… 53
 4.2.3 机械产品的执行机构
   设计 ……………………… 57
 4.2.4 机械产品的动力与
   传动设计 ………………… 60
 4.2.5 机械产品的结构设计 …… 64
 4.2.6 机械现代设计方法 ……… 68

第5章　机械制造类毕业设计 ……… 78

5.1 设计内容和要求 ………………… 78
 5.1.1 机械加工工艺与设备
   设计 ……………………… 78
 5.1.2 机械制造中的工程技术
   实验研究 ………………… 79
 5.1.3 机械制造中的软件设计 … 79

5.2 机械制造类毕业设计的方法与
  步骤 ……………………………… 80
 5.2.1 机械加工工艺与
   设备设计 ………………… 80
 5.2.2 热加工工艺与设备设计 … 91
 5.2.3 机械制造中的软件设计 … 93

第6章　机械电子工程类毕业设计 … 100

6.1 机械电子工程类毕业设计的
  内容和要求 ……………………… 100
 6.1.1 基本内容 ………………… 100
 6.1.2 基本要求 ………………… 101
6.2 机械电子工程类毕业设计的
  方法与步骤 ……………………… 102
 6.2.1 机械电子产品的功能
   设计 ……………………… 102
 6.2.2 机械电子产品的总体
   设计 ……………………… 104
 6.2.3 机械电子产品的结构
   设计 ……………………… 107
 6.2.4 机械电子产品的控制系统
   设计 ……………………… 109
 6.2.5 机械电子产品的计算机
   程序设计 ………………… 114

第7章　毕业设计修改及答辩 ……… 117

7.1 毕业设计的修改 ………………… 117
 7.1.1 毕业设计修改的
   必然性 …………………… 117
 7.1.2 毕业设计修改的几个
   阶段 ……………………… 118
 7.1.3 毕业论文修改是提高写作
   能力的重要途径 ………… 118
 7.1.4 毕业论文修改的几个
   方面 ……………………… 118
7.2 毕业设计的答辩 ………………… 120
 7.2.1 毕业设计答辩的目的和
   意义 ……………………… 120
 7.2.2 毕业设计答辩前的
   准备 ……………………… 122
 7.2.3 毕业设计答辩过程 ……… 123

  7.2.4 毕业设计答辩应注意的
    几个问题 …………………… 124
7.3 毕业设计成绩评定 ………………… 125
  7.3.1 毕业设计的评阅工作 …… 125
  7.3.2 毕业设计的评语要求 …… 126

第8章 毕业设计论文示例及点评 … 128
  应用案例 8-1 …………………… 128
  应用案例 8-2 …………………… 130
  应用案例 8-3 …………………… 131
  应用案例 8-4 …………………… 133
  应用案例 8-5 …………………… 134

附录 …………………………………………… 152

参考文献 …………………………………… 160

第 1 章 绪 论

1.1 毕业设计的目的及意义

毕业设计是高等院校毕业生在指导老师的指导下，综合运用所学专业的基础理论、基本知识和技能，针对某一问题或现象，进行独立分析和研究后，完成并提交的一份具有一定的学术研究价值的书面文章。

1.1.1 毕业设计的目的

现阶段高等院校利用毕业设计方式考查学生，主要有以下几方面的目的。

(1) 培养学生严肃认真的科学态度和求实的工作作风，并使之掌握科学的理论和方法。

(2) 对学生的知识面进行考察，包括掌握知识的深度和广度，综合运用所学基础理论、专业知识，发现、分析、解决与本专业相关的实际问题的能力。从而为今后从事科学研究工作、承担专门技术工作或参与工程设计工作打下一定的基础。

(3) 提升学生的综合素质，如提高学生的外语水平、计算机操作技能、书面表达和口头复述的能力等。

1.1.2 毕业设计的意义

毕业设计的意义主要有以下几点。

(1) 毕业设计是教务管理的重要组成部分，是科学教育、工程意识和科学研究等基本训练的重要培养手段。开展毕业设计有益于学生综合素质的全面提高，同时毕业设计的成果可直接或间接地服务于经济建设、生产科研和社会发展。

(2) 毕业设计对于应届毕业生的意义很突出，毕业设计是应届毕业生学业的最后一个重要组成部分，是提高高等院校学生综合能力的一次全面训练，它要求毕业生既要系统地掌握和运用专业知识，又要综合运用操作技能，对某类现象或问题进行探讨和研究。学生在撰写毕业设计的过程中，进一步地消化和加深所学的专业知识，并把所学的专业知识提升到分析和解决实际问题的高度。同时，通过撰写毕业设计，能使学生详细地了解科学研究的基本过程，掌握如何快速收集、整理和利用资料，如何观察、描述实验现象，处理实验数据，如何充分使用图书馆、数据库检索文献和网上资源等，为学生今后进一步进行科学研究，撰写高质量的论文奠定良好的基础。

（3）撰写毕业设计在某种程度上能够促进社会主义物质文明和精神文明的进步。大学生毕业踏入社会以后，大多数人都将成为社会主义建设的重要力量，成为各行各业的中坚分子。无论是担任领导干部还是企业骨干，他们的科学研究和撰写论文的水平和能力，都将对大力促进社会主义科学文化的向前发展，推动全民族的科学文化进步产生很大影响。

1.2 毕业设计的现状及特点分析

1.2.1 毕业设计的现状

作者通过对毕业设计工作的总结和调查，发现虽然毕业设计取得了不少成绩，但仍存在以下几方面的不足。

1）毕业设计选题不够合理

有些毕业设计选题范围把握不足，难度控制不合理，这就起不到巩固和提高学生的基本技能和综合能力的作用。

2）高校对毕业设计的制度化管理存在疏漏

尽管高校建立了毕业设计工作的规章制度，并制定了相应的评分标准，但缺乏有效的管理和实施途径，从而在某种程度上影响了学生毕业设计的质量。例如：本科教学中常常不注重对学生科学素养的培养，导致学生的创新能力没得到很好的培养，不知道如何进行创新；教师在课堂上一般只讲授本门课程的知识，对于该课程与其他课程之间的相互联系讲得少，学生只学到了一个个孤立的知识点，很难把知识点联系起来去解决一些专业领域问题；另外，学生自身缺乏必要的科学修养，不知道如何观察客观事物，如何辨析事物之间的因果联系，如何收集、整理并分析有关的事实与证据，如何对自己所发现的规律进行论证等。

3）指导教师对学生指导的尺寸把握不够合理

毕业设计教学实行指导教师负责制，每个指导教师应对整个毕业设计阶段的教学活动全面负责；但指导教师还要重视对学生独立工作能力、分析解决问题能力和创新能力的培养，应着重启发引导，这样才能充分提高学生的积极性和主动性，而不能将学生的全部工作一揽到手或不给予足够的引导。

4）学生自身的综合素质有待提高

学生没有"足够好"地掌握一两门研究技术或方法。学生在写毕业论文的时候，所需要用到的一些技术和方法，如运筹学、数理统计、程序设计等，虽然在许多专业都开设了专门的课程来讲授，但许多学生不会很自然地想到要用这些方法来解决自己面临的问题；另外，现在很多本科院校为了让学生有更多的自主学习时间，都在减少教学课时，免不了会影响某些知识的传授。在这种情形下，研究工具不足的问题更加凸显出来；学生综合素质和阅读能力不足，毕业设计中，论文格式不规范、语言基本功差、错别字多、语句不通、外语水平低、外文阅读能力和计算机应用能力不强的问题较突出，个别学生甚至有剽窃、抄袭及其他弄虚作假的行为。

1.2.2 毕业设计的特点及其分析

毕业设计与从事科研的人员或社会专业工作人员所写的学术论文有所不同，但它作为学术论文的一部分，一方面具有学术论文写作的共性，同时也具有自身独特的特点，这主要体现在学术性、前沿性、严谨性和实践性4个方面。

1) 学术性

毕业设计所探讨研究的问题具有特定性和系统性。特定性是指毕业设计的选题具有很强的专业性，它以学生专业或相近专业的某一具体问题为探讨和研究内容，让学生运用所学的专业知识去论证解决和专业方向相关的学术问题，体现出一定的学术水平和专业水平。而它的系统性则指其论证合理、逻辑严谨、表述清晰，能形成一定的理论体系。

2) 前沿性

毕业设计所表述的科研成果或内容比原有的学术水平有所提高。毕业设计的前沿性主要表现为：一是提出或产生具有开创意义的新发明、新理论或新方法；二是在以前学术成果的基础上，对已成定论或他人研究过的问题发表独到的见解，从而使之进一步创新和完善；三是能够在众说纷纭的学术界中提出自己独到的见解；四是以新的方法和发现弥补前人的疏漏等。

3) 严谨性

必须以严谨的科学研究态度、正确的科学研究方法、真实的科学内容来撰写毕业论文。毕业设计的目的就是对所研究事物提出发展的客观规律和本质属性，这就要求毕业论文必须具有严谨性、真实性。毕业论文的严谨体现在：一是作者的观点和见解能够反映事物的客观发展规律，经得起实践的考验；二是运用的材料论据必须是真实的、确凿的、新鲜的；三是毕业论文的论证要严密、措辞严谨、结构合理。

4) 实践性

毕业论文的科研成果在社会实践中应具有一定的应用价值和现实意义。相比而言，自然科学方面的毕业设计，其应用性和价值性往往体现得较为明显；而人文社会科学方面的毕业设计，其实践性虽然没有自然科学方面的毕业设计那么直观和直接，但它所提出的新观点、新见解和新理论对本学科或其他学科的发展、对当今社会事业的发展，同样具有不可估量的作用，也具有实践性和现实意义。

1.3 机械类毕业设计的课题类型及成果形式

1.3.1 机械类毕业设计的课题类型

机械类毕业设计中绝大多数学生涉及机械机构及结构的设计。能否实现已确定的原理方案，机械的机构设计是最关键的。一般机构的设计有两种：一是构造一种全新的机构；二是对已有机构进行创新和改进。要创造一种全新的机构是非常困难的，一般本科生的设计为机构的改进，以在此过程中培养学生的创新能力。机械类毕业设计选题所覆盖的方向如下。

1. 工程设计类题目

工程设计是设计人员根据工程实际中的约束条件，为达到工程的预定功能，进行构思、设计、制作或表达。机械产品设计要求具有经济性、有效性、工艺性和外观质量等。

以下给出一些机械装置设计，机电产品设计，工艺工装设计，电气控制系统设计，液压系统及装置设计，机、电、液、计算机一体化的创新设计等相关的题目供参考。

（1）遥控机滚船的研究。例如，遥控机滚船的总体设计、行走机构、遥控机构。

（2）生产线步伐式输送装置设计，例如，机械加工生产线中随行夹具或工件步伐式输送装置总体、液压传动系统设计及零件设计。

（3）生产线转位装置设计。例如，机械加工生产线中随行夹具转位装置总成、液压传动系统设计及零件设计。

（4）回转体零件加工工艺与夹具设计。例如，回转体零件车削或铣削加工工艺设计与夹具设计。

（5）箱体类零件加工工艺与专机设计。例如，箱体类零件加工工艺设计、专用机床设计或组合机床设计。

（6）组合机床回转工作台结构及控制系统设计。例如，回转工作台机械结构设计、PLC控制系统设计。

（7）基于某单片机的有轨自动供料小车的定位控制。例如，移动机器人的机械结构设计、运动仿真、控制系统和检测系统的硬件电路设计和软件设计。

（8）压力机液压系统与控制系统设计。例如，压力机机械结构设计、液压系统设计、控制系统设计。

（9）家庭服务机器人结构及驱动控制系统。例如，家庭服务机器人机械结构设计、控制系统设计。

（10）斜巷移动式无人操作洒水车的设计与应用。例如，机械机构设计、移动装置的设计。

2. 工程技术研究类题目

工程技术研究包括开发研究与应用研究，以应用研究为主。应用研究着重研究如何将自然科学的理论与知识转化为新产品、新工艺，新技术；而开发研究是着重运用已研究或经验性的知识，为开发新产品、新装置和新加工方法，或对现有产品的装置、生产流程和生产方法等进行重大改进而进行的一系列创新性活动。这类题目主要包括应用研究类和开发研究类，下面给出以下题目供参考。

（1）箱体类零件特征建模研究。例如，针对箱体类零件特点进行特征建模方法分析、数据结构、特征建模软件总体设计和程序设计。

（2）回转体零件特征建模研究。例如，针对回转体零件特点进行特征建模方法分析、数据结构、特征建模软件总体设计和程序设计。

（3）城市街道清洗装置的研究。例如，对清刷装置的执行机构进行初步研究。从减少流体阻力和提高清刷效率出发，建立刷盘的动力学和运动学模型，通过分析设计参数的影响因素，获得执行机构设计的若干原则，并完成方案设计。

（4）离心机优化设计方法的研究。例如，在工艺条件和生产能力的约束条件下，以离心机螺旋力矩为目标函数,进行优化设计,以达到降低成本、节约能源的目的。

(5) 基于制造资源的 CAPP 专家系统研究。例如,进行 CAPP 专家系统的总体方案设计,面向对象技术、知识表达技术的研究,知识库、推理机、数据库技术的研究,CAPP 中的工艺路线编制、工序设计、工序图自动生成方法的研究等。

3. 应用软件或课件类题目

软件开发项目由计算机软件的筹划、研制及运行 3 部分组成。由于毕业设计工作时间和条件的限制,通常这类题目应选择小型课题或子课题。软件类课题主要包括计算机辅助设计、计算机辅助制造、数控程序或机电控制用软件的开发等。下面给出以下题目供参考。

(1) 零件分类编码系统软件编制。例如,建立零件分类编码系统对零件进行编码,建立零件编码数据库,以 Visual Basic 语言编写主控程序软件,对数据进行各种操作。

(2) 机械零件三维参数化设计与绘图软件编制。例如,进行轴类零件、紧固件、轴承、链轮、带轮、齿轮、密封件等的三维参数化设计与绘图软件编制。

(3) 基于 C 语言的数控插补软件编制。例如,研究直线插补和圆弧插补的几种方法,根据插补原理画出流程图,使用 C 语言编写程序软件,验证其可行性,并对插补误差进行分析。

(4) 企业人事管理系统软件编制。例如,人事管理系统是企业人力资源计划系统的一个重要组成部分。使用 VC 或 C++相关的各种技术、面向对象技术,建立企业人事管理系统,内容包括企业人事管理系统的分析、企业人事管理系统的设计及企业人事管理系统的软件实现。

1.3.2 机械类毕业设计的成果形式

机械类毕业论文的成果有以下几种形式。

(1) 查阅文献(含教师的推荐文献)10 篇以上(其中外文资料不少于一篇),并有不少于 2000 字的译文(译文专科可暂不作要求)。

(2) 开题报告:包括工作任务分析、调研报告或文献综述、方案拟订与分析,以及实施计划等,开题报告应单独装订。

(3) 中文摘要在 250 字以内,外文摘要在 200 个实词以内(外文摘要专科可暂不作要求)。

(4) 毕业设计的字数,工程类本科一般在 1.5 万字以上,专科一般在 1 万字以上。

(5) 某些课题成果的具体形式如下。①实验研究类:以实验或试验为主的课题,论文中应有对实验数据的处理、测试结果、数据分析意见与结论,并有改进实验内容、提出实验期望等方面的建议。②工程设计类:机械类专业的学生至少要独立完成 A0 图纸 3 张(专科生为 A0 图纸 2 张);电气类专业的学生要根据题目的实际情况,独立或合作完成工程(或科研)项目中的全部或相对独立的局部设计、安装;要有较完整的系统电气原理图或电气控制系统图,其中产品开发类课题应有实物的性能测试报告。③计算机软件类:计算机专业的学生应独立完成一个有足够工作量的应用软件或较大软件中的一个模块,并提交程序软盘和源程序清单、软件设计及使用说明书、软件测试分析报告等。

在完成上述各类课题的基本要求后,学有余力的学生应针对自己感兴趣的其他课题进行开发研究,进一步培养自身的动手能力、创新能力。

1.4 毕业设计的基本要求

毕业设计应满足以下基本要求。

(1) 应当具备学术论文的一般特征，避免选择已经完全得到解决的常识性问题。论文的内容应结合自己所学的专业知识，论文内容与本专业无关的，一般不能通过毕业答辩。

(2) 毕业论文使用规范的书面语言，做到准确、平易、简洁、通顺。文章篇幅一般为3000～6000字，统一用A4纸打印。

(3) 英语专业论文原则上要求用英文书写，中文撰写的论文只能评"及格"，不能授予学位。论文不管是用英文还是中文撰写，都必须有中文和英文的标题、摘要和关键词。

(4) 毕业论文应在指导教师的指导下独立完成，严禁抄袭他人文章。一旦发现抄袭或内容雷同(30%以上)的论文就取消资格。如果认错态度良好(书面检讨)可给予重写机会，重写的论文若能通过，成绩也只能评为及格。

(5) 撰写毕业论文必须坚持理论联系实际的原则。毕业论文无论在选题或观点和材料的运用上，都必须注重联系社会主义精神文明和物质文明建设的实际，密切关注社会生活中出现的新情况和新问题。

(6) 立论要注重科学性和创新性。毕业设计从决定选题、搜集材料、拟写提纲到起草写作、修改定稿等一系列过程，要坚持科学的态度，运用科学的方法，得出科学的结论；其次要看论文观点的创新性，立论的创新性是毕业论文的价值所在。

(7) 论证要注重严密、富有逻辑性。一篇毕业论文是否具有较强的说服力，论证的严密性和富有逻辑性是起到决定性作用的。要使毕业论文论证严密，富有逻辑性，必须做到概念、判断准确，要有层次、有条理地阐明对客观事物的认识过程。

(8) 论据要注重翔实、正确。一篇优秀毕业论文的新观点，必须有充分、翔实的论据材料作为支撑。毕业论文的论据不仅要求翔实，而且要求正确，论文中引用的材料和数据，必须正确可靠，经得起推敲和验证。对第一手材料要公正处理，要去掉个人的好恶和想当然的推想，反复核实，以保证其客观的真实。对第二手材料则要究根问底，查明原始出处，并深领其意，而不是断章取义。

(9) 毕业论文成绩按优、良、中、及格、不及格五级评定。抄袭他人文章，一律按不及格论处。论文成绩不及格者，不能毕业。论文成绩在及格以下(含及格)者，不得申请学士学位。

第 2 章
大学毕业设计的基本结构

2.1 题　　名

2.1.1 题名的定义

国家标准 GB 7713—1987 对题名的意义、作用及所用的词语均作了很明确的说明："题名是以最恰当、最简明的词语反映报告、论文中最重要的特定的逻辑组合"。

科技论文的题名词语的最大特征在于词语的最简明与最恰当性。由于题名字数有限，要求词语的用词要简单、明了，由于科技论文的专业特色鲜明，要求选用最恰当的专业词汇，以最适当的形式，反映出论文的科学与专业特性，使读者一目了然。

2.1.2 题名的意义

通常一篇论文最先和读者见面的是题名，就像人的外表会给别人留下初步印象一样。在知识经济时代，人们每天会面对大量信息，如何从中获取所需的信息呢？只有通过浏览题名，才能决定是否需要详读全文。由此可见，题名的拟定对于论文的传播，论文与读者的直接见面，以至论文是否被读者接纳至关重要。

1) 题名能够规划毕业设计的方向、角度和规模

毕业设计选题可以确定论文的研究方向、范围和对象，是解决"写什么"的问题，对于刚刚开始毕业设计写作的学生来说，怎样确定题名常常令他们感到为难。选择一个合适的题名，需要作者多方思索、互相比较、反复推敲和精心策划。随着研究的深入，通过从个别到一般、分析与综合、归纳与演绎相结合的逻辑思维过程，写作方向才会在作者的头脑中逐渐地清晰起来，毕业设计的着眼点、论证角度、大致规模才会初步形成轮廓。因此，确定题名的过程实际上是作者确定毕业设计的方向、角度和规模的过程。

2) 题名决定了毕业设计的学术价值和学术水平

毕业设计的学术价值和学术水平最终取决于论文的客观效果，但题名对其有重要影

响。首先，一个成功的选题过程不仅是给文章定个题目和简单地规定一个范围，它也是形成毕业设计初步观点的一个过程。选题过程中产生的思想火花和飞跃是撰写毕业设计非常重要的思想基础。其次，选题有意义，写出来的论文才有价值，如果选题没有意义，即使文章结构、语言再优秀，也不会有积极的效果和作用。所以说，题名是论文成功的一半。

3) 正确的题名有助于提高学生的科研能力

毕业设计是学生从事科研工作的最初尝试。正确的题名有利于提高学生的科研能力，能使研究工作向着正确的方向发展。毕业设计从开始选题到确定题目，从事学术研究的各种能力都可以得到初步的锻炼。因为正确的题名必须建立在对所研究领域的过去和现状等信息资料全面把握的基础之上，这需要学生掌握科研最初步的文献检索能力，首先学会查找相关文献，具备收集文献、整理、筛选的能力。其次，进一步分析，对已学的专业知识反复认真地思考，并从一个角度、一个侧面深化对某一个问题的认识，从而使归纳和演绎、分析和综合、判断和推理、联想和发挥等方面的思维能力和研究能力得到锻炼。

因此，题名的重要性不可小觑，撰写毕业论文，一定先要把好选题关。

2.1.3 题名的要求

对毕业设计的题名的要求包括以下几个方面。

1) 题名的原则

(1) 专业性原则：专业特长是科学研究的前提条件，只有具备扎实的专业基础，才能在科学研究中发现真理并有所建树。

例如，机械专业的学生最好选择与机械相关的课题，这样做起来更有针对性，更有基础，如《钻腰形板孔组的专用多轴器设计》、《农村沼气池搅拌器的设计》、《活塞加工及金属模具设计》等。请读者思考，题名为《××控制的程序设计》对于一个机械专业的学生为什么不适合？

(2) 创新性原则：毕业设计成功与否、质量高低、价值大小，很大程度上取决于文章是否有新意。就是说，所选择的题目一定要有一定的科研价值，切忌抄袭。

例如，某高校的某学生开题时的毕业设计的题名为《自控式微型植保喷雾机械底盘设计》，此题名有新的见解，突出了喷雾机的小型化、自控性，适合定点喷药，满足了环保这个大方向的要求，具有极高的科研价值。

(3) 适用性原则：所谓适用性，即所选课题应能回答和解决现实生活或学术研究领域中的实际问题，即有实际效益或学术价值。学术研究要追求的价值包括学术价值和社会价值两个方面。为了保证选题具有一定的学术价值，首先在确定选题之前，对准备选择的题目现有的研究状况进行价值评估。自己继续这个题目的研究是否有价值，可以从学术价值和社会价值两方面衡量。

例如，某高校某学生开题时的毕业设计的题名为《油菜茎秆力学性能沿株高分布规律的研究》，油菜是四川省的主要经济作物之一，要实现机械化首先必须对作物的性能进行必要的研究，题名具有一定的学术社会价值。

(4) 可行性原则：所谓可行性，是指论题能被研究的现实可能性，即充分考虑论题的难易程度、工作量、一定时间内获得成果的可能性，其中很关键的一点是要在作者的能力范围之内。选题重点注意两点：一是选题包含的内容量一定要适中，难易要适度；二是写自己感兴趣的问题，但是要细化。

例如，某高校某学生开题时的毕业设计的题名为《××的底盘设计》，这个题名对于一个本科生来讲就过大了，因为底盘包括转向机构、行走机构、传动机构等，其研究的工作量过大，在所要求的一定时间内无法完成，所以学生只研究其中的一部分即可，改后的题名可为《××的转向机构的设计》、《××的行走机构的设计》等。

2) 信息量大

题名应突出文章的主题，明示文章的要点，还要尽可能地反映文内的多种信息，体现文章的深度与广度，使读者能从多方面了解论文的内容，以吸引更多的读者关注。

例如，题名为《直齿圆柱齿轮有限元分析》的毕业论文，读者很直观地就能看出此篇论文设计的目的为利用 Ansys 软件的结构分析模块，对直齿圆柱齿轮进行有限元分析，解决一些简单的机械设计问题。

3) 用词的要求

题名用词要准确、恰当。题名的词语要求使用最合适、最准确、最能引人关注的词语，避免使用夸大、虚张、模棱两可的词语。

题名用词要简明、直截了当。避免烦琐、重复的词语。

题名用词要逻辑组合，它们是有序的、有机的组合，不能出现混乱、无序的堆积。

题名应正确使用专业词汇与符号。由于自然科学的学科众多，专业门类上千，涉及的专业术语更是数不胜数。这些专业术语与词汇不同于一般的词语，具有很强的学科特色和强烈的专业色彩，体现出其与众不同的特殊性，是科技论文最显著的特色之一。因而，在撰写题名时，涉及专业词汇或专业符号时一定要仔细，要经导师检查，防止出现差错，防止信手拈来。

题名用词应利于编制题录、索引和关键词。已发表的科技论文的题名常被一些杂志社或期刊的检索系统收录，用于编制题录、索引。只有规范的题名才能具有这样的功能，题名是关键词的词源之一。

题名用词切忌使用不常见的缩略词、首字母缩写词、代号、字符和公式等。

4) 避免问句式题名

科技论文不同于科普作品，一般不采用问句式题名，这是由作品的自身定位及读者群的不同所决定的。

5) 题名字数

题名一般不宜超过 20 个字。过长的题名应反复修改、压缩，删去多余词语，使题名字数在 20 个以内。

【例 2.1】 3 个学生毕业设计的题名分别为：《某农用运输车驱动桥壳的 CAE 分析》、《小型微耕机××的设计》、《滚齿机控制系统的数控化研究，渐开线涡轮数控工艺及加工》，这些题名用词是否合适？

讲评：题名一，用词模棱两可，最好具体到某一类型的农用车；题名二，微耕机就表示小型机械，此题名用词重复；题名三，题名过长，应删去重复多余词语，精简题名用词。

2.1.4 题名词语的修饰

题名词语要经过反复修改、认真推敲，要精练、恰当。题名的最后定稿要求做到题名内的每一个字都是有用的、必需的。在题名内，不应有重复、累赘的词语存在。

【例 2.2】 原毕业设计的题名为《××的实验研究》，此题名是否合适？

讲评：实验研究，用词重复，可删除"研究"二字。修改后的题名：××的实验。

2.1.5 题名常见的弊病

毕业设计题名常见的弊病如下：(1)题名与所写内容不符；(2)题名太大，超出能力范围；(3)题名太小，使人觉得没必要写；(4)题名结论明显；(5)题名太玄，使读者觉得没有应用价值；(6)题名太普通，已有许多类似的文章。

2.2 摘　　要

摘要要交代清楚题名的背景、理由，把论文的观点和价值简明扼要地揭示出来，使读者(主要是导师、评委、编辑等)即使不阅读全文也可以获得最重要的信息。

2.2.1 摘要的意义

摘要可看成是一篇科技论文内容的浓缩，它融汇论文的精华并涵盖论文的全部信息。阅读一篇好的摘要可替代阅读相应的原文。国家标准 GB 7713—1987 指出："摘要是论文内容不加注释和评论的简短陈述并且具有独立性和自含性"。由此可见，摘要也可以视为反映论文核心内容和全面信息的独立性短文，是该论文最简单、最准确、最全面、最迅速的独立性报道。

2.2.2 摘要的特点

摘要在论文中的位置是固定不变的，它位于论文的题名、作者姓名以及作者的工作单位之下。

摘要报道的形式是固定的，摘要四要素(目的、方法、结果、结论)是报道的规范化要求。

论文的摘要篇幅应控制在 300～500 字。

摘要信息密度高。一篇 300～500 字的摘要实际反映了一篇 3000～6000 字论文的信息量。

摘要的文体具有独立的、完整的体系。摘要除了报道该论文的有关信息之外，还能被文摘类刊物收录，在更广泛的范围内进行学术交流，为学术界提供更深入的检索、参考服务。所以进入文摘类刊物的摘要的价值，已大大超过其单纯的为自身论文报道科技信息的层次，这是摘要的最显著的特点。

2.2.3 摘要的编写

1) 摘要的四要素

国家标准 GB 6447—1986《文摘编写规则》对文摘的编写规则做出了详细的说明，并提出论文文摘应由下述四要素组成。

目的——说明为什么要做此课题；方法——说明如何做；结果——说明做的结果如何；结论——说明由此得出的结论。科技论文的摘要由四要素组成，摘要的一般格式如下。

摘要：
（目的）：＊＊＊＊＊＊＊＊＊＊＊＊＊＊＊＊＊＊＊＊＊＊＊＊＊＊＊＊＊＊＊＊＊＊＊
（方法）：＊＊＊＊＊＊＊＊＊＊＊＊＊＊＊＊＊＊＊＊＊＊＊＊＊＊＊＊＊＊＊＊＊＊＊
（结果）：＊＊＊＊＊＊＊＊＊＊＊＊＊＊＊＊＊＊＊＊＊＊＊＊＊＊＊＊＊＊＊＊＊＊＊
（结论）：＊＊＊＊＊＊＊＊＊＊＊＊＊＊＊＊＊＊＊＊＊＊＊＊＊＊＊＊＊＊＊＊＊＊

在一些科技论文中，为了强调论文实验工作的结果，四要素的顺序并不一定是按上述规范的格式出现，而是将结果、结论提前，按结果、结论、目的、方法顺序排列，见下面的示范格式。

摘要：
（结果）：＊＊＊＊＊＊＊＊＊＊＊＊＊＊＊＊＊＊＊＊＊＊＊＊＊＊＊＊＊＊＊＊＊＊＊
（结论）：＊＊＊＊＊＊＊＊＊＊＊＊＊＊＊＊＊＊＊＊＊＊＊＊＊＊＊＊＊＊＊＊＊＊＊
（目的）：＊＊＊＊＊＊＊＊＊＊＊＊＊＊＊＊＊＊＊＊＊＊＊＊＊＊＊＊＊＊＊＊＊＊＊
（方法）：＊＊＊＊＊＊＊＊＊＊＊＊＊＊＊＊＊＊＊＊＊＊＊＊＊＊＊＊＊＊＊＊＊＊＊

有些科技论文，可能将结果与结论合并在一起。在报道结果后，没有出现明显的结论的段落文字，显然这些科技论文的格式是将结果与结论合并，而没有专门写结论的文字。这类论文的一般格式如下。

摘要：
（目的）：＊＊＊＊＊＊＊＊＊＊＊＊＊＊＊＊＊＊＊＊＊＊＊＊＊＊＊＊＊＊＊＊＊＊＊
（方法）：＊＊＊＊＊＊＊＊＊＊＊＊＊＊＊＊＊＊＊＊＊＊＊＊＊＊＊＊＊＊＊＊＊＊＊
（结果）：＊＊＊＊＊＊＊＊＊＊＊＊＊＊＊＊＊＊＊＊＊＊＊＊＊＊＊＊＊＊＊＊＊＊＊

【例 2.3】 下面为某位机械专业学生的设计论文摘要，分析其摘要四要素。

> 摘要：根据轻量化设计思想，通过可靠性设计方法设计的零部件仍然具有足够的剩余强度。为了实现减重的目标，需要对可靠性设计的结果做进一步优化。文章介绍了一种进一步优化的方法，这种方法考虑了低载强化的强度特性，并通过卡车半轴设计优化实例，得出了可靠性设计优化可以根据试验标准中给出的试验载荷实现的结论。这种方法可以有效地应用于汽车和其他车辆的轻量化设计。

讲评：读完此论文的摘要，读者可清楚地知道此论文的目的是对零部件的可靠性设计的结果做进一步优化；论文采用的方法是优化了的方法，这种方法考虑了低载强化的强度特性；论文得到的结果是得出了可靠性设计优化可以根据试验标准中给出的试验载荷实现的结论。论文最后的结论是这种方法可以有效地应用于汽车和其他车辆的轻量化设计。

2) 摘要的编写要求

高质量的论文摘要是每位论文作者追求的目标。高质量的论文摘要首先取决于它所附属的论文质量情况。只有高质量的、创新型的、写作符合规范的论文，才能生成高质量的论文摘要。总而言之，要写好论文摘要，首先要在整体上完成好论文所设定的各项任务。下面所讨论的各项内容都是立足于已经完成好论文总体任务的前提下，提高摘要的编写质量。

（1）摘要应重点报道论文的主要内容，报道论文的创新点或技术创新的特色。在摘要的四要素中，特别是在"结果"的报道中，不要简单地重复题名中已有的信息，应重点突出论文作者的工作成果。

（2）摘要全文不分段落，一气呵成。

（3）摘要用第三人称的写法。不使用"本人"、"作者"、"本文"、"我们"、"我们课题组"、"我们研究小组"等作为主语。虽然毕业设计的摘要由作者自己撰写，但根据国家标准 GB 6477—1986《文摘编写规则》的规定，摘要的文体应当采用第三人称的写法。当前科技论文一般采用的是省略主语的句型，在写作时，读者可采用这种表述方法。例如，"对××（研究对象）进行了研究"，"报道了××（研究对象）现状"，"进行了××（研究对象）调查"等。

（4）采用规范化的名词术语。新术语或没有合适论文术语的，可用原文或外文译出后加括号标明原文。商品名需要时应加注学名。摘要应采用国家颁布的法定计量单位，一般不出现数学公式和化学结构。

（5）摘要的编写应该繁简适度。摘要内容不要过简，有的只报道了论文的结果，忽略了其他三要素的表述，这样的论文摘要缺少对论文的目的、方法、结论的阐述，而且对于性能、应用及研究的具体内容都一字不提，这样用一言以蔽之是十分不妥的，这样的指示性摘要是不合要求的。例如，"叙述了××（研究对象）的性能、应用及研究情况"。

摘要内容也不宜过繁。撰写的内容如果超过四要素的要求，就会出现摘要内容繁多的问题。有的把应该在引言中出现的内容写入了摘要中；有的在摘要中解释专业名词；有的把过多的数据写入了摘要之中等，总而言之，把摘要的内容控制在四要素的范围内，摘要的内容就不会出现这种情况。

（6）摘要应该是不加注释和评论的简单陈述，不应该对自己论文的成果进行渲染与夸张。有的论文未经实践检验，没有形成工业产品，就在摘要中宣称："具有显著的经济效益和社会效益"；"具有重要的推广价值"等，这都是十分不恰当的。论文摘要中的一切不实之词、夸张词语都应该删除，以保持论文摘要的不加注释和评论的简单朴实、清纯的风格。对于论文的评价均应来自日后社会实践的检验，主要是本专业的同行及相关生产单位与应用单位的评价。在毕业设计的摘要中不必进行自我评价。

（7）摘要的内容完整性和准确性。对论文写作质量的基本要求是保持摘要内容完整性，描述内容的准确性以及文字上的简明性。

编写摘要就是要使摘要的内容与论文内容的特征保持完全一致，要使原文的结构要素在摘要中尽可能多地保留下来。要求摘要保留论文中的信息量不变。论文与摘要的区别应只在于"信息密度"的高低、篇幅长短。

在编写摘要后，应当将原文与摘要进行对比，使摘要在编写中的信息损失减少至最低，以保持内容的完整性。由于摘要的篇幅有限，不可能将原论文中的所有信息没有遗漏地保留在论文摘要中，只能省去一些最不重要的信息。而这种保留与有意删减是否恰当、适宜，要三思而行，要经过导师斟酌修改，万不可盲目行之，造成信息传播中的损失。

在核对摘要与原文时，还要注意核对内容的准确性。摘要的准确性应表现在一些关键性数据以及所有出现在摘要中的数据与在正文中的数据应当是一致的、统一的，不应出现前后不一致，相互矛盾的数据。摘要的准确性还表现在对研究对象性质的描述、规律性以及理论概念报道上的前后一致性、统一性，从而保持论文所包含信息不变，即信息量不变与信息不失真。

2.3 关　键　词

2.3.1 关键词的定义

按照国家标准 GB 7713—1987 的规定，我国科技论文都有关键词一项。关键词在论文中的位置是固定不变的，安排在每篇研究论文摘要的下方。下面是一篇科技论文的前置部分的结构框架。

题名
作者姓名
作者工作单位，邮编
摘要
【关键词】

中图分类号：×× 　　　　文献标志码：×× 　　　　文章编号：××

例如，下面为一篇标准的科技论文的前置结构。

飞剪剪切机构的模态分析
包家汉
（安徽工业大学机械工程学院，安徽 243002）

摘要　某轧钢厂切头飞剪机为曲柄摇杆机构，使用 2 年后，曲柄轴发生断裂。分析发现其静强度满足要求，考虑到飞剪剪切是一个动态过程，建立了剪切机构模型，进行模态分析。计算得到剪切机构在最大剪切力出现位置时的前 10 阶固有频率，第一阶固有频率为 264.19Hz，而剪切机构的工作频率为 12Hz，因此，飞剪剪切时不会发生曲柄轴断裂是热处理不当造成的。

关键词　飞剪　剪切机构有限元模态分析　曲柄轴断裂

中图分类号　TG333.21 THI32.4 TP391.7　　　　**文献标志码**　B

关键词是科技论文的重要组成部分，它具有表示论文的主题内容及文献标引的功能。

国家标准 GB 7713—87 指出："关键词是为了文献标引从报告、论文中选取出来，用来表示全文主题内容信息款目的单词或术语。"这里关键词的功能——用于文献的标引语表示全文主题内容的信息款目作了明确的规定，而且这些词必须是单词或者是专业术语，并能表示全文主题内容。

正确书写与应用关键词，对于科技论文的传播起着非常重要的作用。尤其是在期刊网络化迅速发展的时代，充分运用关键词可以准确、快速、大量地检索到所需的文献资料，使科技论文走向更广阔的交流空间，进入更多不同地域的同行的视线。如果关键词选择不恰当，使论文的内容与关键词不相匹配，关键词就起不到标引内容的作用。而论文的内容得不到标引，就使该论文深沉于浩瀚的文献海洋之中，不容易被同行发现，无法与同行交流,论文的成果就不能迅速传播,这显然是论文作者所不愿意看到的。所以在撰写论文时,要选择好关键词,以利于做好论文的标引工作,使论文能顺利地进入期刊的网络系统,进入学术交流的网络世界。

2.3.2 关键词的选择原则

关键词的选择原则有以下几个方面。

1) 关键词应包含论文的主题内容

关键词的首要功能是反映论文的主题思想。所以选择关键词时,要首先选取能揭示论文的核心思想与主题内容的词语;其次是论文中其他主要研究的事物的名称、研究的方法等。

2) 关键词的专指性规则

关键词应当表示一个专指概念,避免选用不加组配的泛指词,出现概念含糊。从论文中选用的术语应尽可能规范为术词,其中有些是专指性的术词,有些术词还要通过组配才能成为只表示一个单一概念的关键词。

3) 关键词的数量

关键词的数量为3~8个。关键词的数量太少可能会造成信息遗漏,使论文的某一部分内容不能进入文献数据库和检索系统,使信息的传播与扩散的广度受到影响,从而减少被他人引用的机会。关键词的数量也不能太多,一篇文章所载的信息是有限的,关键词越多,则每个关键词载有的信息量就越少,关键词的数量超过8个以后,其所载信息的质量或数量都会受到影响。因此,关键词的数量为3~8个是最适宜的。如果每篇研究论文为3000~6000字,关键词为3~8个;则每400~2000字的论文内容,就应该有1个关键词进行标引,这样的标引密度是适宜的。

2.3.3 关键词与题名

关键词与题名的关系非常紧密。题名具有报道论文主题信息的功能,题名中可以包含若干个关键词,显然题名是关键词的词源之一,而关键词也是用于表示论文主题信息的。二者在报道论文主题信息方面的任务是共同的,都具有相同的功能。但二者在报道的格式上是不同的,题名是以一个完整的短语或短句出现的,而关键词是以若干个(3~8)单词或专业术语的形式表述的。如一篇论文完稿后,在拟定关键词时,可以将该论文的题名作为关键词的词源,从里面选取研究对象、研究方法、研究目标、研究范围等单词或专业术语成为关键词的一个组成部分,还可以从论文的层次标题中选取关键词。

下面是机械专业一些论文的题名与关键词的比较,找出这两者间用词的重合率,一般为20%~80%。还有的二者的重合率为0,还有的关键词全部取自论文题目的词语,但这些都是极少数的。总之,从题名中选取适宜的关键词是一种很有效的、便捷的方法。

【例2.4】 题名:基于ANSYS单元表的康明斯柴油机连杆疲劳分析

关键词:连杆;有限元;单元表;疲劳

讲评:关键词75%来自题名。

【例2.5】 题名:基于可靠性设计优化的结构轻量化设计

关键词:汽车设计;轻量化;可靠性

讲评:关键词66.7%来自题名。

【例 2.6】 题名：滚齿机控制系统的数控化研究
关键词：滚齿机；数控系统；伺服系统；机床
讲评：关键词 25% 来自题名。

2.3.4 关键词与层次标题

关键词可以从层次标题中选取。因为层次标题是科技论文主题内容的一个组成部分，层次标题的题名也反映了科技论文的部分内容，显然层次标题从论文内容中提升为关键词后，这部分内容也能与论文的主题内容一样，容易被同行所关注，可以通过网络文献检索进入更广阔的学术交流空间。

【例 2.7】 题名：环境卫星多光谱图像压缩算法
关键词：信息光学；多光谱图像压缩；部分三维等级树集合划分算法；三维离散小波变换；多小波变换；感兴趣区
该论文的层次标题如下。
1　引言
2　环境卫星多光谱成像原理及特点分析
3　图像压缩系统
　　3.1　改进三维小波变换
　　3.2　感兴趣区优先编码
　　3.3　部分三维等级树集合划分算法

讲评：第 2 个关键词"多光谱图像压缩"取自题名，第 3、4、6 个关键词取自论文正文标题 3.1、3.2、3.3。第 5 个关键词取自论文正文的内容。

【例 2.8】 题名：碳酸二甲酯的制备方法及关键技术
关键词：碳酸二甲酯；制备；光气；氧化毅基化；酯交换；尿素；电化学；述评
论文的层次标题为：
1　前言
2　碳酸二甲酯的制备
　　2.1　成熟的制备方法
　　　　2.1.1　光气法
　　　　2.1.2　氧化毅基化法
　　　　2.1.3　酯交换法
　　2.2　正在开发中的制备方法
　　　　2.2.1　二氧化碳-甲醇直接法
　　　　2.2.2　尿素-甲醇法
　　　　2.2.3　电化学合成法

讲评：关键词中的前 2 个词是从题名中选取的，后 5 个则是从层次标题 2.1.1、2.1.2、2.1.3、2.2.2 及 2.2.3 中选取的。

【例 2.9】 题名：介孔材料在基因工程中的应用
关键词：介孔材料；基因工程；药物载体；蛋白质；酶
论文的层次标题如下。
1　生物传感器

2　药物输送和释放
3　固定蛋白质酶

讲评：关键词中的前2个词取自题名，第4、5个关键词取自层次标题3，第3个关键词是从正文的内容中选取的。

2.4　引　　言

2.4.1　引言的意义

引言是科技论文的一个重要组成部分，是科技论文的开场白。中华人民共和国国家标准 GB 7713—1987《科学技术报告、学位论文和学术论文的编写格式》指出："引言要简要说明研究工作的目的、范围、相关领域的前人成绩和知识空白、理论基础和分析、研究设想、研究方法和实验设计、预期结果和意义等"。换句话说，引言应清楚地陈述进行此项工作的理由；阐明论文的新意；扼要地回顾有关这一课题的前人的工作。

下面从引言的内容(研究对象、研究目的、文献综述、研究方法、实验设计、预期结果与意义以及引言的篇幅等方面，分别进行叙述。

2.4.2　引言的内容

1. 研究对象

任何一篇科技论文都有其特定的研究对象。显然，不同学科、不同专业，甚至相同专业内的不同研究方向，它们所涉及的研究对象都是不同的。所以，引言的开头部分，首先应阐明论文的研究对象是什么，有什么特点，需要逐一进行说明。引言的内容要使本专业的同行与读者能清楚地了解论文的研究对象及其特点，以引导读者进一步阅读论文的全文。

例如，某学生设计论文的引言，从引言中我们可看到其研究对象必定围绕花生脱壳机。

> "无论在国内还是出口到国外、也无论怎样食用和加工利用、甚至种植，所有的花生都必须脱壳，也就是说花生脱壳的加工量就是它的总产量[1]。传统的花生脱壳方法是手工脱壳，能够满足作业量不大时的需要，虽然效率低但没有花生米的破碎等损伤问题。花生大面积种植的情况下，人工脱壳远没有办法解决，只有利用合适的机械—花生脱壳机……如果想摆脱现在的状况，关键在于提高机械化。"

2. 研究目的

研究目的就是要回答为什么要进行研究，说明进行此项工作的理由。不同的学科、不同的专业的不同论文有着各自不同的目的性；有的是为了对某研究对象未见报道的某些特点进行研究，显然具有某种理论上的意义与价值，填补某知识的空白；有的是为了资源的综合利用从而开展的某个阶段的研究；有的是为了开发生产新工艺而进行某部分的研究；

有的则为了开发新的光电产品，而对其电学性质进行研究。

由于研究型科技论文的篇幅平均为 6000~8000 字/篇，在正常情况下一篇论文内所能够完成的研究目标是有限的。对于引言中研究目的的阐述，要实事求是、恰如其分。防止研究目的写得过高，而实际上能完成的研究工作只是其中一个很小的部分。应当将研究的目的写具体，说明是总目标中的一个部分。引言中研究的目的性要与正文的实验部分、结果与讨论、结论部分相一致，前后呼应，不要出现相互矛盾或相互不衔接的现象。

例如，从下面的引言中可知论文的研究目的是为研制理想的花生脱壳机提供必要参数。

> "……为了研制出理想的花生脱壳机械，我们对花生自身的物理特性、机械特性进行了大量的试验，并在试验的基础上借助计算机辅助功能，利用有限元对花生受力进行了仿真分析，为脱壳机械的研制提供必要的参数。这样的试验研究是有意义的，是值得的。"

3. 相关领域的文献综述

在毕业设计课题所涉及的领域中的前人工作成果及需要解决的问题均应通过文献检索后，写出专题文献综述，对文献综述的要求有以下几个方面。

1) 文献综述要求真实

文献综述是一个对众多文献的浓缩与提取过程，是对科技知识的精练和升华的过程，其撰写不应只是文献简单的拼剪与收集，应当选择其中与课题联系直接、紧密的一批著作、论文或专利，加以归纳与提炼。

2) 文献综述要求全面

文献检索要全面，也就是要求全面检索相关课题的所有文献资料，一定不可以只查阅手边的一部分资料就动手写综述。这样的综述是片面的，由于资料不全，作者的判断会有片面性，甚至有错误性、误导性。

3) 文献综述要求精练

文献综述实质在于在和毕业设计的课题紧密相关的文献不遗漏的基础上，用精练的文字对与课题相关所有的文献进行归纳、概括。

4) 文献综述要"厚今薄古"，要求新颖

文献综述要"厚今薄古"，指收集的文献资料要以近期资料为主，时间久远的资料为次；以新资料为主，旧资料为辅，着眼于现实的状况。应重点关注文献资料中的新概念、新理论、新技术、新方法，尤其对具有创新性的论文更应深入钻研学习。

5) 文献综述要求准确

文献综述要求准确无误，在概念上要清晰、准确。引用的科技期刊的论文的作者，题名，刊名，出版的年、卷、期、页码要准确；引用的专利文献，专利发明人、专利名称、专利国别、专利号、专利授权日；引用的专著，作者、书名、出版地、出版社名称、出版年要一一写清楚；引用的会议文献，对于作者、论文的题名、会议名称、会议地址、会议年月日要一一写清楚。

6) 引言中的文献综述的参考文献数量

毕业设计的参考文献数量，各个学校有不同的规定，一般院校规定博士学位论文的参考文献为 100 篇以上，硕士学位论文的参考文献为 50 篇以上，学士学位论文的参考文献为 15 篇以上。而论文的参考文献包含了引言中的参考文献，一般占全部文献的大多数。所以要重点写好引言中的文献综述，从而确保整个论文的参考文献的写作质量。在引言以外部分所引用的参考文献，随着写作的进程，可以逐篇引入正文中。

例如，下面列举一篇题名为《秸秆揉切机关键部件的设计》的文献综述，读者考虑考虑看文献综述到底该怎样写。

1.2.2　国内秸秆类粗饲料加工机械的研究现状

……国内生产上使用的秸秆加工设备，大都是铡草机、揉搓机、揉碎机等。

1. 9ZR-50 型秸秆铡揉多用机

由山东省聊城农机化研究所研制生产的 9ZR-50 型秸秆铡揉多用机，集铡切、揉搓与氨化于一身，克服了普通铡草机铡出的玉米秸秆有硬节、草料长短不均等缺点，可以将秸秆、草料铡碎并揉搓成丝状，提高了饲料的适口性和利用率，有利于牲畜吸收。该机还可作为铡草机单独使用，或用于秸秆还田。该机主要技术参数：配套动力 3kW，切揉干料 400kg/h，切揉湿料 800kg/h，切揉长度为 20～30cm。

……

5. 新型秸秆揉切机

……其主要产品如图 1.1 和图 1.2 所示。

图 1.1　9LRZ-80 型立式秸秆揉切机　　　图 1.2　9RZ-60 型秸秆揉切机

---

4. 研究方法与实验设计

引言中对于怎样完成研究工作提出了研究方法与实验设计。不同学科、不同专业以及同一专业内的不同研究方向，它们的研究方法，包括实验设计也是不同的。在引言中，报道的研究方法包括实验设计应当是简要、大概地提供出解决该课题的具体思路。

每个专业的研究方法包括实验设计的报道应遵循每个专业的惯例和规定，用规范的语言进行规范的叙述。为了叙述方便，也可利用流程示意图帮助阐明研究方法与研究过程。

例如，从下面的引言中可知论文的研究方法和预期结果是：通过做大量的实验得到数据，并借助计算机软件进行分析仿真，从而得到设计所需的必要参数。

……本文研究的主要内容如下。

(1) 在了解国内外花生等物料特性及坚果类脱壳技术的基础上,对我省市场上主要的花生品种进行大量的实验,即确定花生的物理参数和机械特性。

(2) 通过静力学实验分析,揭示了花生品种、含水率、加载位置对破壳力和破壳变形量的影响。

(3) 设计正交试验,找出花生变形量不大且产生局部裂纹点多、裂纹具有方向性、容易扩展又不易破碎花生仁的最优条件。

(4) 通过对花生米的静压实验,找出花生壳破裂力与花生米破裂力之间存在的关系,设计时可以根据此关系加载力,能较好地降低破仁率。

(5) 通过所建花生的几何模型和网格模型,对花生在几种载荷作用下的应力分布规律进行分析,找出了花生壳变形量不大、裂纹具有方向性、容易扩展又不易破碎花生仁的最佳施力方式,验证实验的正确性。

5. 预期结果与意义

国家标准 GB 7713—1987 要求引言的最后要叙述研究工作的预期结果与意义。至此,引言的全部内容形成了一个完整的短文系统。预期结果与意义要与研究工作的目的前后一致;要与题名、摘要等论文的前置部分相统一。同时,预期结果与意义还要与论文的正文部分的结果、结果与讨论,特别是结论的内容相统一。总之,在写引言时,要顾及到论文全文,做到全文统一。

2.4.3 引言的篇幅

引言的篇幅没有具体的字数标准。从对科技期刊论文的引言篇幅观察,以大致不超过全文篇幅的 1/5 为宜(500~1000 字)。有的论文引言比较短,也有较长的引言,各有各自的特色,没有统一的篇幅限制。

在大学毕业设计的引言中,为了反映出作者的确掌握了坚实的基础理论和系统的专业知识,具有开阔的视野,对研究方案作了充分论证,有关历史回顾和前人工作的综合评述以及理论分析等可以独立成章,用足够的文字叙述。这样,大学毕业设计的引言篇幅比发表在科技刊物上的科技论文的引言篇幅要长,字数要多,这是由大学毕业设计的性质与特点所决定的。

2.5 正　　文

2.5.1 概述

正文是毕业设计的主体,是毕业设计的精华所在。由于研究工作涉及的学科、选题、研究方法、工作进程、结果表达方式等有很大的差异,对正文内容不能作统一的规定。但是,正文必须实事求是、客观真切、准确完备、合乎逻辑、层次分明、简练可读。

2.5.2 正文的内容

论文的正文是核心部分,占主要篇幅,可以包括:调查对象、实验和观测方法、仪器设备、材料原料、实验和观测结果、计算方法和编程原理、数据资料、经过加工整理的图表、形成的论点和导出的结论等。

1. 正文的章节格式

正文中的每一章、节的格式和版面安排要求按规定的次序编排，层次清楚，如下所示。
章：1、2、3、4、5、6。
节1：1.1、1.2、1.3、1.4、1.5、1.6。
节2：1.1.1、1.2.1、1.3.1、1.4.1、1.5.1、1.6.1。
节3：1.1.1.1、1.2.1.1、1.3.1.1、1.4.1.1、1.5.1.1、1.6.1.1。
章和节中如果有用点列出的内容时，可按以下结构编排。
层1：(1)、(2)、(3)、(4)。
层2：①、②、③、④。
层3：a)、b)、c)、d)。
图和表的标号按如下格式标注。
图1(图的名称)或图1.1(图的名称)或图1-1(图的名称)。
表2(表的名称)或表1.1(表的名称)或表1-1(表的名称)。

2. 图

常见的图有坐标曲线图、函数图、剖面图、流程图、构造图、记录图、布置图、素描图、示意图、照片等。

图的功能是"一图胜千言"。图是资料的直观表现，是形象化的文字，是工程师的语言，它用简明的方法直观地表达著者的科学思想与技术知识，是论文的核心内容之一。一些复杂的体系，一些经过处理后的资料，其间存在的关系与规律性，往往难以直接显示，但是利用图形就可以形象化地被读者所接受。

栽植机单体示意图如图2.1所示。

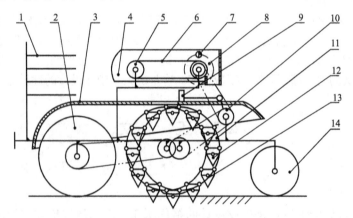

图2.1 栽植机单体示意图

1—秧苗架 2—地轮 3—机壳 4—排苗器轨道 5—带轮 6—传送带 7—挡块 8—棘轮机构
9—推苗器推杆 10—推苗器曲柄 11—转动盘 12—开穴器 13—开穴刀开启导轨 14—压密轮

图名、图号应置于图的下方，该装置的组合体分别用1、2、3、4……排列整齐的数字指引，在图的下方用图注说明，对照阅读，可以了解该装置的结构，不要用汉字在图上标出,否则会使图面很拥挤,影响读者的理解。

1) 图的英文题名和中文题名

为了扩大作者文章的交流,还可采取中英文对照题名,如图 2.2 所示。

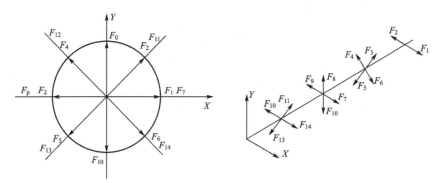

图 2.2 刀轴受力分析

2) 图与图的序号出现的先后顺序

在正文中,应该先出现图的序号,再出现图,如下例所示。

正例:UG 仿真图一如图 2.3 所示。

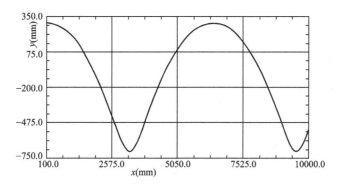

图 2.3　UG 仿真图一

错例:

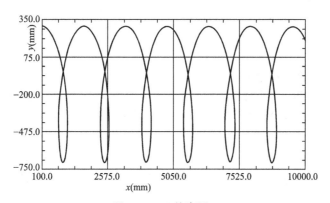

图 2.4　UG 仿真图二

UG 仿真图二如图 2.4 所示。

3. 表

为了使表的结构简洁，采用三线表制，即表格只画顶线、底线和栏目线这三条由左至右的横线。顶线与底线为粗线，栏目线为细线，见表2-1。

表2-1 播种深度测量值

垄号	播种深度/mm				
	A点	B点	C点	D点	E点
1	26.0	29.8	29.5	30.5	31.6
2	29.4	31.0	29.8	27.5	30.1
3	29.7	31.2	28.2	32.5	28.0
4	32.1	33.3	31.3	29.5	26.7
5	30.7	29.0	30.0	26.5	29.2

注：表中量的名称或符号与单位之间用斜线"/"相隔，如"播种深度/mm"。不要直接标在数值后面。

4. 正体与斜体

在学术论文中，凡是量的符号都要用外文斜体字母，单位符号均采用正体，用小写字母表示。单位名称若源于人名，则第一个字母用大写字母表示。例如，路程：s；毫米：mm；牛顿：N。

5. 世纪、年代、日期、时间、数字的写作

在科技论文中，世纪、年代、年、月、日以及时间一般用阿拉伯数字表示。

例如，世纪：十九世纪应改为19世纪。

年代：十九世纪八十年代应改为19世纪80年代。

日期：二○○一年三月十五日应改为2001年3月15日。

数字：①计数和计量单位前的数字用阿拉伯数字；②多位的阿拉伯数字不能转行写；③1900000可写成190万，132500可写成13.25万，不能写成14万2千5百；④数字的有效数字应全部写出，如"1.400、1.350、3.000"不能写成"1.4、1.35、3"。

6. 数学公式

数学公式的编排格式应遵循以下要求。

(1) 公式一般另起一行或排在中间，形式简单的普通公式可串文书写。

(2) 较长的公式转行时，要紧靠其中记号＋、－、±、×等后面断开，在下一行开头不应重复这一记号。

(3) 公式的序号可以分篇、分章独立编写，也可以全文统一编写，但都要加上圆括号：①若全文统一编写则记为(式1)、(式2)、(式3)；②若是分章节编写则记为式(1-1)、式(2-3)、式(4-5)。

(4) 数学乘式中，字母符号之间、字母符号和前面的文字之间，以及括号之间不加乘号，直接连起写。数字之间、字母符号与后面的数字之间以及分式之间要加上乘号，不能

用"·"代替。

例如，
$$f(x, v) = f(0, 0) + \frac{1}{1!}\left(x\frac{\partial}{\partial x} + y\frac{\partial}{\partial y}\right)f(0, 0) + \cdots$$
$$\frac{1}{2!}\left(x\frac{\partial}{\partial x} + y\frac{\partial}{\partial y}\right)^2 f(0, 0) + \cdots$$
$$\frac{1}{n!}\left(x\frac{\partial}{\partial x} + y\frac{\partial}{\partial y}\right)^n f(0, 0) + \cdots \qquad 式(2-1)$$

7. 量与单位

1) 不使用已废弃的旧名称

在文献检索中，经常会检索到一些已停止使用的量的名称，毕业生应当有识别的能力，并知道怎样用正确的量的名称去取代，一些量的新旧名称对照见表2-2。

表2-2 量的新旧名称对照

量 的 名 称	停用的名称	量 的 名 称	停用的名称
相对原子质量	原子量	质量	重量
摩尔体积	克分子体积	发光强度	光强度

2) 量的名称的使用规则

量的名称是专用名词，不能作任何更改，包括由外国科学家名字译名的单位，也不能随意去改变它。

例如，"傅里叶"不能写成"傅利叶"；"阿伏加德罗"不能写成"阿伏伽德罗"；"米"不能写成"米数"。

3) 正确使用量的符号

（1）量的符号全部要用外文斜体字母。

物理量的符号用斜体，不能将量的单位时而写成正体，时而写成斜体。

（2）量的符号下标不能随意更改。

用量的名称的汉语拼音缩写来作为量的符号下标是错误的。

例如，E 就表示材料的弹性模量，不能写成 $E_{钢}$。

（3）量的符号是法定的，不能随意变更。

例如，质量是量的名称，质量的量的符号是 m，但有的作者却任意写成 q、p、w、u 等。

4) 单位符号的使用与书写

（1）单位符号是没有复数形式的，单位符号上不得附加任何其他标记或符号。单位符号应一律选用正体。

（2）单位符号大小写问题，一般单位符号为小写字体。例如，g(克)，t(吨)等。

（3）组合单位使用时要注意以下3点。

① 当组合单位是由两个或两个以上的单位相乘构成时，它的组合单位写法可以采用下列形式：N·m 或 Nm。

② 用单位相除构成组合单位时，其符号可采用下列形式：m/s 或 m·s^{-1}。

③ 单位相除构成的组合单位，它的中文符号可采用以下的形式：米/秒或米·秒$^{-1}$。

2.6 结果与结论

2.6.1 结果

1) 结果的主要内容

结果是科技论文的规范格式中的层次标题。它在论文中的位置是固定的,不能轻易变动,它是正文中的一个非常重要的组成部分,是论文的核心内容,它汇集论文中的精华,是论文的创新之所在。

(1) 阐明研究工作的理论基础。

(2) 结果的层次标题与实验的层次标题可以相互逐个对应列出,并对逐个标题展开讨论。

(3) 结果的层次标题除多数可与实验的层次标题相呼应外,还可多列出一些层次标题,用于讨论实验过程,进行理论探讨,指出实验中存在的不足之处,提出设备与仪器的改进意见及今后研究工作的意见。

(4) 结果中的内容要和论文摘要的内容相呼应。

(5) 结果要全面总结实验的有关数据及统计处理。充分应用由各种数据整理而形成的表格、图例,总结实验规律,证明研究工作的目的性。

【例 2.10】 下面为某机械化专业本科生毕业论文的结论,试与结果的主要内容对照分析。

---

6 结果与结论

本文通过大量的实验,研究了四川省主要的花生品种的物理参数、几何尺寸、机械特性等,在此基础上设计了单因素试验、正交试验,详细地研究了花生品种、加载位置、含水率对破壳力和破壳变形量间的关系,并找出了用力最小变形量不大的最优因素组合,用仿真分析模拟了花生受力状况,结果与实验基本吻合。

(1) 几何尺寸结果表明,花生的长度极差较大,脱壳适合分级处理,花生壳厚可以看做是均匀的,从而为有限元分析建立基础。

(2) 花生加载部位不同,破壳现象不一样,破壳力也不相同,顶面加载力最小,破壳具有方向性,不易破损到花生仁。品种对破壳力有影响,对破壳变形量是影响不明显。

(3) 含水率与破壳力的关系可以用一元二次回归方程 $F=0.4243M^2+8.7255M+5.4372$ 来表示,含水率与破壳变形量的关系可以用一元直线回归方程 $S=0.071M+0.595$ 来表示,经检验线性回归分析是显著的。

(4) 通过正交设计,得出对花生破壳力影响最显著的因素为加载位置,而含水率影响较小,品种影响最小。

(5) 花生在压缩实验中,花生的破壳力为 40~55N;在花生米的压缩实验中,花生米的破坏力为 60~85N。花生米的破坏力要比花生壳的破坏力大,大约是花生壳的 1.5 倍。

(6) 花生的有限元分析结果与试验结果吻合,花生的最佳施力方式为顶面加载。

(7) 由于时间和实验条件关系，本文做得还不够完整，需要进一步的深入和研究：①花生物理参数中的密度、壳仁比、弹性模量等；②正交实验的重复组以及交互作用，需要进一步试验研究；③有限元部分的精度可以继续提高。

评析：该生毕业论文结果符合上述结果的主要内容要求。论文结果第一段阐明研究工作的理论基础；接下来结果中的(1)、(2)、(3)、(4)层次标题与实验的层次标题相互逐个对应列出，并对逐个标题展开讨论；结果中的(5)、(6)层是总结实验的有关数据及统计处理；结果中的(7)层指出实验中存在的不足之处，提出改进意见及今后研究工作的意见；当然结果中的内容要和论文摘要的内容是相呼应的。

2) 结果的编写要求

结果的编写要求如下。

(1) 防止实验数据过少，讨论不深入。
(2) 防止只列实验数据，不进行讨论。
(3) 防止实验数据不真实，实验数据粗糙。
(4) 正确对待实验数据出现的"异常"现象。
(5) 在讨论中，引用他人的成果，应该列出相应的参考文献。
(6) 防止片面扩大成果的应用价值。

2.6.2 结论

中华人民共和国国家标准 GB 7713—1987 指出："报告、论文的结论是最终的、总体的结论，不是正文中各小结的简单重复。结论应当准确、完整、明确、精练。如果不可能导出应有的结论，也可以没有结论而进行必要的讨论。可以在结论或讨论中提出建议、研究设想、改进意见和尚待解决的问题等"。由此可知，在科技论文正文中的最后标题"结论"的内容是很丰富的，其包容量是很大的。

大学毕业设计的"结论"内容应当包括如下内容。

(1) 报道论文所涉及的领域内，对研究对象所取得的创新性成果。
(2) 报道论文所涉及的领域内，对于研究对象的研究工作，在前人文献已经有报道的成果基础上，取得的修改、补充、肯定或否定等的研究成果。
(3) 报道论文所涉及的领域内，对于研究对象的研究工作，取得了有开发应用的价值的成果，并已有一定的进展。
(4) 报道论文所涉及的领域内，对于研究对象的研究工作，虽然没有取得上述(1)、(2)或(3)的成果，但也可以报道在研究过程中的经验和教训，研究过程中的不足以及对需要加以改进的地方提出建议。

2.7 致　　谢

毕业设计的致谢可以包括向导师致谢，向所有的实验室有关技术人员致谢；向某某基金会、合作单位、资助或支持的企业、组织或个人致谢；向帮助完成研究工作，提供便利条件的组织或个人，提出建议或提供帮助的人致谢；向给予转载或引用权的图片、资料、文献、研究思想和设想的所有者致谢；向其他应感谢的组织或个人致谢等。

2.8 参考文献

2.8.1 参考文献的类型及标志代码

中华人民共和国国家标准 GB/T 7714—2005 规定了各个学科、各种类型出版物的文后参考文献的文献类型及标志代码共 12 种，见表 2-3。

表 2-3 文献类型和标志代码

文献类型	标志代号	文献类型	标志代号	文献类型	标志代号
普通图书	M	期刊	J	专利	P
会议录	C	学位论文	D	数据库	DB
汇编	G	报告	R	计算机程序	CP
报纸	N	标准	S	电子公告	EB

2.8.2 参考文献的功能

参考文献有如下功能。

1. **反映作者的治学态度**

治学严谨的作者十分重视参考文献的写作，有的学者看论文会先看参考文献部分，大致先了解作者的治学的严谨程度、论文的学术水平与写作能力。

2. **反映论文工作的出发点**

参考文献反映了论文工作的出发点，提供了研究工作的背景和论文的立题原因。由于科技论文的关联性，从事研究的人员在进行研究工作时，不可能事事从头开始，必然要借鉴别人的研究成果、研究方法或实验手段。因此，学术论文作为科技成果的产出形式之一，其中凡是引用别人的数据、观点之处必须详细标明。

3. **反映论文的研究水平**

参考文献反映了论文工作的研究水平，提供创新性评价的依据。

(1) 标引的参考文献的中文文献与外文文献的数量。假如论文中连 1 篇外文参考文献都没有，这就很难断定该论文是高水平的作品，因为文章中没有直接报道该研究的外国同行的工作水平的进展。因此，有没有外文文献，引文外语语种的多少，外文文献引文数量的多少，也能反映论文作者掌握某专业的国外最新出版知识的能力。

(2) 引用参考文献的品种结构。在参考文献中，过多地引用手册、辞典、学术专著、教科书，或只有极少几篇早期的科技论文，没有或很少即时科技论文。这样的参考文献的品种结构是很不合理的，不能反映作者已经了解了该课题的国内外发展态势与现状，只能认为论文作者没有进行充分的文献检索或文献检索不完整,这就要求补做文献检索的工作。

(3) 引用文献的"新旧"。

参考文献的引用要顾及到用现时文献与引用前期文献的比例关系。一篇科技论文引用的文献,显然应当以引用现时文献为主,以前期重要的文献为辅。

(4) 引用文献中的本专业文献与非本专业文献。通常情况下,科技论文的作者在撰写论文时,习惯检索查找本专业的期刊作为其引用文献。但随着多学科的交叉发展,对于本学科的近缘学科中的一些相关的文献也应写在标引范围内。重视周边相关学科文献的学习与借鉴,对于提高论文的质量是十分有帮助的。

(5) 原始文献与转引文献。参考文献要直接引用由作者亲手检索过的文献,不要直接转录他人文章后面的参考文献,这种直接转录的方式,由于没有核实引文的作者、题名、刊名、年、卷、期、页码的正确与否,经常会出现以讹传讹的情况,应该加以纠正。

2.8.3 参考文献的标注法

毕业设计正文中引用的文献的标注方法可以采用顺序编码制,也可以采用"著者-出版年"制,其中顺序编码制使用较为广泛,科技论文一般按顺序编码制的方法编排参考文献。下面分别介绍这两种不同的编写方法。

1) 顺序编码制

采用顺序编码制时,要在正文的引文处标注序号,按引用文献出现的先后顺序,在方括号内用阿拉伯数字从小至大连续排序。它们可以成为语句的组成部分,也可以以上角标的形式出现。同一处引用多篇文献时,只需将各篇文献的序号在方括号内全部列出,各序号间用","隔开。如遇连续序号,可标注起讫序号。示例如下。

为了使揉切机在工作时不产生漏切和堵塞、刀轴受力均匀、增加其寿命,减少振动,提高其动力性和经济性,刀具在其轴上排列一般遵从以下原则[1,2]:(1)空载旋转时,刀轴受力均匀,刀具产生离心力为零,即径向力必须平衡;……目前,国内刀具排列主要有3种形式[3]:(1)单螺旋线排列;……提高了机具的工作效率[4-6]。

……

参考文献
[1] 姬江涛,李庆军,蔡苇. 甩刀布置对茎秆切碎还田机振动的影响分析 [J]. 农机化研究,2003,(2):63-4.
[2] 涂建平,徐雪红,夏忠义. 棉秆粉碎还田机甩刀优化排列的研究 [J]. 农机化研究,2003,(2):102-104.
[3] 北京农业工程大学教研组. 农业机械学(上) [M]. 北京:农业出版社. 1994.
[4] 毛罕平,陈翠英. 棉秆粉碎还田机工作机理与参数分析 [J]. 农业工程学报,1995,11(4):62-66.

> [5] McRandal D M and McNulty P B. Impact cutting behaviour of forage crops: I. Mathematical models and laboratory tests [J]. Journal of Agriculture Engineering Research, 1979, 23(3): 313-328.
> [6] Alikhashkin Ya I and Khomenko A N. Determining the shape of the knife blade for the cylinder cutter of forage harversters [J]. Trakt Sel'khnoxmash, 1965, 35(5): 23-26.

多次引用同一著者的同一文献时，在正文中标注首次引用的文献序号，并在序号的"[]"外著录引文页码。示例如下。

> 主编靠编辑思想指挥全局已是编辑界的共识[1]，然而对编辑思想至今没有一个明确的界定，故不妨提出一个构架……参与讨论。由于"思想"的内涵是"客观存在反映在人的意识中经过思维活动而产生的结果"[2]1194，所以"编辑思想"的内涵就是编辑实践反映在编辑工作者的意识中，"经过思维活动而产生的结果"。……《中国青年》杂志创办人追求的高格调——理性的成熟与热点的凝聚[3]，表明其读者群的文化的品位的高层次……"方针"指"引导事业前进的方向和目标"[2]354。……对编辑方针，1981年中国科协副主席裴丽生曾有过科学的论断——"自然科学学术必须坚持马列主义、毛泽东思想为指导，贯彻为国民经济发展服务，理论与实践相结合，普及与提高相结合，'百花齐放，百家争鸣'的方针。"[4]它完整地回答了为谁服务，怎样服务，如何服务得更好的问题。
>
> ……
>
> 参考文献
> [1] 张忠智. 科技书刊的总编(主编)的角色要求 [C]//中国科学技术期刊编辑学会建会十周年学术研讨会论文汇编. 北京：中国科学技术期刊编辑学会学术委员会，1997：33-34.
> [2] 中国社会科学院语言研究所词典编辑室. 现代汉语词典 [M]. 修订本. 北京：商务印书馆，1996.
> [3] 刘彻东. 中国的青年刊物：个性特色为本 [J]. 中国出版，1998(5)：33-39.
> [4] 裴丽生. 在中国科协学术期刊编辑工作经验交流会上的讲话 [C]//中国科协学术期刊编辑工作经验交流会资料选. 北京：中国科学技术协会工作部，1981：2-10.

2) 著者-出版年制

参考文献的著者-出版年制的标注法和顺序编码制一样，应用于科技论文中，在中外科技期刊中都可以见到。相对而言，似乎在外文期刊中比国内刊物用得多一些。

科技论文的正文部分引用的文献采用著者-出版年制时，各篇文献的标注内容由作者姓氏与出版年组成。如果只标注作者姓氏而无法识别该人名时，可标注作者姓。单位著述的文献可标注该单位(机关、团体、学校、研究所名称)。在作者姓氏(或姓名)之后，参考文献的出版年应紧接着作者姓氏(或姓名)后著录。下面通过实例说明

"著者-出版年"制的标记方法。示例如下。

为了使揉切机在工作时不产生漏切和堵塞、刀轴受力均匀、增加其寿命,减少振动,提高其的动力性和经济性,刀具在其轴上排列一般遵从以下原则(姬江涛等. 2003;涂建平等. 2003):(1)空载旋转时,刀轴受力均匀,刀具产生离心力为零,即径向力必须平衡;……目前,国内刀具排列主要有3种形式(北京农业工程大学教研组. 1994):(1)单螺旋线排列;……提高了机具的工作效率(毛罕平,陈翠英. 1995;Alikhashkin. 1965;McRandal. 1979)。

……

参考文献

北京农业工程大学教研组. 1994. 农业机械学(上)[M]. 北京:农业出版社.

姬江涛,李庆军,蔡苐. 2003. 甩刀布置对茎秆切碎还田机振动的影响分析[J]. 农机化研究,(2):63-64.

毛罕平,陈翠英. 1995. 棉秆粉碎还田机工作机理与参数分析[J]. 农业工程学报,11(4):62-66.

涂建平,徐雪红,夏忠义. 2003. 棉秆粉碎还田机甩刀优化排列的研究[J]. 农机化研究,(2):102-104.

Alikhashkin Ya I and Khomenko A N. 1965. Determining the shape of the knife blade for the cylinder cutter of forage harversters [J]. Trakt Sel'khnoxmash, 35(5):23-26.

McRandal D M and McNulty P B. 1979. Impact cutting behaviour of forage crops:I. Mathematical models and laboratory tests [J]. Journal of Agriculture Engineering Research, 23(3):313-328.

倘若正文中已提及著者姓名,则在其后的"()"内只需著录出版年。示例如下。

The notion of an invisible college has been explored in the sciences (Crane 1972). Its absence among historians is notes by Stieg(1981)…

……

参考文献

Cranc D. 1972. Invisible college [M]. Chicago:Univ. of Chicago Press.

STIEG M F. 1981. The information needs of historians [J]. College and Research Libraries, 42(6):549-560.

在正文中引用多著者文献时,对欧美著者只需标注第一个著者的姓,其后附"et al";对中国著者应标注第一著者的姓名,其后附"等"字,姓氏与"等"之间留适当空隙。

在参考文献表中著录同一著者在同一年出版的多篇文献时,出版年后应用小写字母a,b,c……区别。示例如下。

> KENNEDY W J, GARRISON R E. 1975a. Morphology and genesis of nodular chalks and hardgrounds in the Upper Cretaceous of southern England [J]. Sedimentology, 22: 311-386.
> KENNEDY W J, GARRISON R E. 1975b. Morphology and genesis of nodular phosphates in the Cenomanian of southeast England [J]. Lethaia, 8: 339-360.

多次引用同一著者的同一文献，在正文中标注著者与出版年，并在"()"外以角标的形式著录引文页码。示例如下。

> 主编靠编辑思想指挥全局已是编辑界的共识(张忠智，1997)，然而对编辑思想至今没有一个明确的界定，故不妨提出一个构架……参与讨论。由于"思想"的内涵是"客观存在反映在人的意识中经过思维活动而产生的结果"(中国社会科学院语言研究所词典编辑室，1996)1194，所以"编辑思想"的内涵就是编辑实践反映在编辑工作者的意识中，"经过思维活动而产生的结果"。……《中国青年》杂志创办人追求的高格调——理性的成熟与热点的凝聚(刘彻东，1998)，表明其读者群的文化的品位的高层次……"方针"指"引导事业前进的方向和目标"(中国社会科学院语言研究所词典编辑室，1996)354。……对编辑方针，1981年中国科协副主席裴丽生曾有过科学的论断——"自然科学学术必须坚持马列主义、毛泽东思想为指导，贯彻为国民经济发展服务，理论与实践相结合，普及与提高相结合，'百花齐放，百家争鸣'的方针。"(裴丽生，1981)它完整地回答了为谁服务，怎样服务，如何服务得更好的问题。
>
> ……
>
> 参考文献
> 　裴丽生. 1981. 在中国科协学术期刊编辑工作经验交流会上的讲话[C]//中国科协学术期刊编辑工作经验交流会资料选. 北京：中国科学技术协会工作部：2-10.
> 　刘彻东. 1998. 中国的青年刊物：个性特色为本[J]. 中国出版(5)：33-39.
> 　张忠智. 1997. 科技书刊的总编(主编)的角色要求[C]//中国科学技术期刊编辑学会建会十周年学术研讨会论文汇编. 北京：中国科学技术期刊编辑学会学术委员会：33-34.
> 　中国社会科学院语言研究所词典编辑室. 1996. 现代汉语词典[M]. 修订本. 北京：商务印书馆.

2.9　附　　录

附录是作为毕业设计主体的补充项目，并不是必需的。

下列内容可以作为附录编于毕业设计(论文)后，也可以另编成册。

(1) 为了整篇报告、论文材料的完整性，但编入正文又有损于编排的条理和逻辑性，这一类材料包括比正文更为详尽的信息、研究方法和技术更深入的叙述，建议可以阅读的参考文献题录，对了解正文内容有用的补充信息等。

(2) 由于篇幅过大或取材于复制品而不便于编入正文的材料。

(3) 不便于编入正文的罕见珍贵资料。

(4) 对一般读者并非必要阅读，但对本专业同行有参考价值的资料。

(5) 某些重要的原始数据、数学推导、计算程序、框图、结构图、注释、统计表、计算机打印输出件等。

另外，附录与正文连续编页码，每一附录均另页起。

毕业设计的附录依序用大写正体 A、B、C……编序号，如附录 A。

附录中的图、表、式、参考文献等另行编序号，与正文分开，也一律用阿拉伯数字编码，但在数码前冠以附录序码，如图 A1、表 B2、式(B3)、文献 [A5] 等。

第 3 章 毕业设计的写作概述

3.1 毕业设计的基本概念

设计工作曾被一些学生误解为就是翻手册、套公式、画几张图，轻而易举。然而，设计是一种创造性思维活动，有着极为深刻的内涵与外延。设计已经广泛涉及人类生活的各个领域，设计的表现形式繁多，可以从众多领域及不同角度对设计加以描述。

3.1.1 设计的含义

设计是人们依据需要，经过构思与创造，在一定的约束条件下，以最佳的方式将设想向现实转化的重要过程及取得的成果。

设计定义中有两个鲜明的特征：一是将设计视为一个构思与创造的活动过程，二是将设计看作在一定条件下所取得的最佳设计成果。

在自然科学领域中，机械、电子、航空、化工、冶金、建筑等部门的工程设计均属于设计范畴；在社会科学领域中，规划设计、决策设计也属于设计范畴。

3.1.2 毕业设计的定义

毕业设计是高等学校技术科学与工程技术专业应届毕业生在毕业前接受课题任务所进行的设计过程及取得的成果。

一般将毕业设计分为 3 个阶段。第一阶段是调研阶段，它的任务是对设计目标及实现目标所要解决的各种问题进行深入、全面的了解；分析需求的性质与特点，分析各种解决问题的途径及关键要素；对通过调查获取的信息进行加工、整理；调查的方法主要有文献查阅、现场调研等。第二阶段是转换阶段，它的任务是构思可能达到预期目标的各种方案，提出各种问题的解决办法，此阶段极具创造性。第三阶段是收敛阶段，它的任务是将设计者在构思中所提出的多种设计方案，收敛到给定条件下的最佳解决方案。

3.1.3 毕业设计的基本目标与意义

1. 毕业设计的基本目标

毕业设计是对学生进行的一次专业能力的综合训练，按照这一定位，毕业设计的基本目标如下。

(1) 巩固和扩展学生所学的基本理论和专业知识，培养学生综合运用所学知识技能分析和解决实际问题的能力。

(2) 培养学生严谨推理、实事求是、理论联系实际的科学态度和严谨求实的工作作风。

(3) 进一步训练和提高学生资料利用、调查研究、理论计算、数据处理、经济分析、计算机使用、文字表达等方面的能力和技巧。

2. 毕业设计的重要意义

毕业设计的重要意义如下。

(1) 基本技能综合训练作用。通过毕业论文，重点训练学生的以下技能：①专业理论的利用；②专业技术方法的运用；③专业分析能力。

(2) 扩展学生所学的基本理论和专业知识。通过相关专题讲座等形式，扩展基本理论和专业知识；或者通过教师指导，让学生学习并应用一些新的理论和知识。

(3) 培养学生严谨推理、实事求是、用实践来检验理论的科学素质。

(4) 培养学生从文献、科学实验、生产实践和调查研究中获取知识的能力。

(5) 培养学生综合运用所学知识独立完成论文的工作能力。

(6) 培养学生根据实际条件变化而调整工作重点的应变能力和百折不挠的奋斗精神。

(7) 进一步提高学生的合作精神、书面及口头表达能力。

(8) 为学生参加实际工作奠定基础。

3.2 毕业设计的功能与特点

3.2.1 毕业设计的功能

毕业设计首先应满足教学与教育功能，培养和造就学生的创新能力和工程意识，通过毕业设计教学与教育功能的实现，促进学生科学的知识结构的形成；其次，毕业设计大多来源于实际，其成果可直接或间接地转化为生产力，为社会服务，从而实现毕业设计的社会功能。

1) 教学与教育功能

毕业设计教学过程是高等工科院校教学计划的重要组成部分；是进行设计科学教育，强化工程意识，进行工程基本训练，提高工程实践能力的重要培养阶段；是培养优良的思维品质，进行综合素质教育的重要途径。通过毕业设计教学工作，培养学生综合运用多学科的理论、知识与技能，解决具有一定复杂程度的工程实际问题的能力；培养学生树立正确的设计思想和掌握现代设计的方法；培养学生严肃认真的科学态度和严谨求实的工作作风；培养学生优良的思维品质，强化工程实现意识；培养学生勇于实践、勇于探索和开拓创新的精神。在毕业设计阶段，通过毕业设计教学与教育功能的实现，有益于学生科学的智能结构的形成及综合素质的全面培养。

2) 社会功能

毕业设计课题来源于实际，毕业设计成果直接或间接地为经济建设、生产、科研、社会服务，以实现毕业设计的社会功能。

3.2.2 毕业设计的特点

鉴于毕业设计是在特定条件下为实现其功能而进行的设计工作，所以毕业设计具有下列特点。

(1) 毕业设计任务的确定首先要考虑基本的教学要求，同时也要兼顾社会的需求，这也是毕业设计的选题原则之一。

(2) 毕业设计具有时间的限定性及学业的规定性。毕业设计的任务规定为学生毕业前必须完成的必修科目。

(3) 毕业设计是在指导教师指导下由学生独立完成的。指导教师可以是教师，也可以是企业、科研单位的工程技术人员。

鉴于毕业设计的功能与特点，本科生的毕业设计课题应力求来源于实际，尽量不做虚拟课题，由于这是因为实际课题有着丰富的工作内涵。一般实际课题，可遇到较为复杂的环境，涉及诸多因素，有利于学生深入生产与科研实际，促进理论与实际的紧密结合，从而使基础理论知识深化，使技术科学知识扩展，使专业技能延伸。在解决实际问题的过程中，学习新知识，获取新信息，有益于提高学生解决工程实际问题的能力。

实际课题来源于生产、科研、设计等单位的社会需求，有利于学生深入生产、科研实际，实行教育、科研、生产相结合，促进教育事业的发展。

实际课题可以显著增强学生完成设计任务的责任感。对于虚拟课题，学生缺乏完成设计任务的动力；对于实际课题，设计目标具体，设计方案要求明确，有利于激发学生参与实际设计任务的积极性。设计成果得到应用，直接或间接地为国民经济建设服务，为社会服务，以实现毕业设计的社会功能。

通过毕业设计，贯穿了3个结合，即理论与实践相结合，教育与科研、生产相结合以及教育与国民经济建设相结合。通过3个结合，实现毕业设计的教学、教育功能和社会功能。

3.3 毕业设计的总体步骤

1. 选题及动员阶段

毕业设计开始前，由毕业设计指导委员会对学生进行毕业设计动员，安排师生见面，各指导老师将自己的科研方向以及各课题内容要求及进度要求向学生详细说明，介绍参考资料给学生。学生根据个人兴趣爱好、就业方向和各系发放的毕业设计选题进行选择，每人只能选择一位导师、一个课题，对于某些课题如果选报学生人数较多，由毕业设计指导委员会根据学生的实际情况进行调配，确定选题后将名单向学生公布。

2. 资料收集阶段(形成开题报告)

(1) 毕业设计开始后，在各指导教师指导下，学生进行资料收集和筛选。根据课题内容，各学生在毕业设计开始后一个学期内完成资料收集和筛选工作，并在下一学期开始时上交开题报告。需要外出实习收集资料的学生根据院系安排进行。

(2) 学生根据自己对设计选题的了解情况及对选题的设想，向指导教师汇报下一步毕业设计的工作计划。若需要延长资料收集和筛选的时间，可由指导教师书面提出，报学院毕业设计指导委员会审批。

(3) 参加毕业实习的学生，回校一周内必须写出详细的实习报告，交指导教师审阅，指导教师要对学生毕业实习给出评价和成绩，交系主任签字，并在系里保存。无实习报告或实习成绩不及格者，不得进行下一步毕业设计工作，毕业设计成绩以"不及格"处理。

3. 设计阶段

(1) 学生在做毕业设计期间，对所出现的问题要及时与指导教师联系，要保证每周都和指导教师交流。

(2) 各系毕业设计指导小组对学生进行定期检查询问，督促学生按期开展相应工作。

(3) 学院毕业设计指导委员会及各系毕业设计指导小组定期对学生毕业设计进度进行检查，听取和了解学生毕业设计进程及问题，交流指导经验。

(4) 学生毕业设计安排在固定教室，辅导员定期抽查纪律情况。

4. 中期答辩阶段

(1) 毕业设计开始 9 周左右，各系组织进行中期检查，并挑选部分或全部学生进行中期答辩，督促学生抓紧时间。

(2) 中期检查成绩计入平时成绩中。

5. 验收阶段

(1) 在答辩前两周，各系分组组织学生按照学院毕业设计指导委员会的安排，在规定时间、地点对毕业设计进行验收并答辩。

(2) 验收不合格的学生在各系规定时间内，及时对方案进行改进，争取在论文答辩前通过验收，然后参加答辩。

6. 答辩阶段

(1) 答辩前一周，学生应将按学校规定格式装订好的毕业论文交指导教师统一进行评阅。

(2) 答辩前学生应联系指导教师进行预答辩练习。

(3) 学生根据学院毕业设计指导委员会安排，在指定答辩小组按顺序进行答辩。每一个答辩小组由 4~6 名教师组成，指导教师不参加所指导学生的答辩。

(4) 答辩时，在规定时间内每位学生应至少能正确回答教师提出的 3 个问题，才能通过。

(5) 在答辩工作全部完成后，由毕业设计指导委员会公布答辩成绩。

(6) 答辩小组认为毕业设计成绩不合格的学生，无论评阅教师和指导教师评定成绩如何，必须进行复查或重新答辩。对于复查或重新答辩依旧不合格的学生，毕业设计指导委员会再给一个月进行设计方案的完善，答辩通过后方可发放毕业证和学位证，但离校手续按时办理。

3.4 毕业设计的选题

3.4.1 选题的基本原则

毕业设计工作，首先遇到的就是选题。恰当的选题是搞好毕业设计的前提，并对毕业设计教学质量有着直接的影响。合适的课题使指导教师与学生都能充分发挥自身的优势，使教与学两个方面都得到更高的效益。毕业设计对学生来说是一个学习和实践的过程，选择合适的题目就能有针对性地使学生得到全面锻炼，使教学质量得以提高。为此，毕业设计课题的选择与确定应考虑以下原则。

（1）课题必须符合本专业的培养目标及基本教学要求，体现本专业基本训练内容，使学生得到比较全面的锻炼。

（2）课题应尽可能结合生产、科研和实验室的建设任务。工科院校应使工程类课题占较大比例，目的在于强化基本工程训练，掌握专业的基本功。

例如，在保证对学生综合训练的基础上，多做些来源于生产、科研中的实际课题，有利于增强学生的责任感、紧迫感和经济观念。

（3）课题的类型可以多种多样，应贯彻因材施教的原则，使学生的创造性得以充分发挥。课题类型的多样化，能使学生针对各自的情况来选择课题。多样性也使教师能根据学生对基本知识和技能掌握的情况，有针对性地分配课题，以强化学生的培养和训练，使学生达到专业培养目标和基本教学要求。

例如，对工程训练不足的学生应优先选择以工程训练为主的题目，对成绩优良的学生可选择具有一定难度的综合性题目，使他们受到全面的训练。

（4）课题应力求有益于学生综合运用多学科的理论知识与技能，有利于培养学生的独立工作能力。随着科学技术的发展，不同学科间互相渗透，这也促使课题不能太窄，应有意地引导学生勇于接受综合性课题，以培养锻炼学生的综合能力、自学能力、探索与钻研能力，更好地适应未来社会的需求与科技发展的需要。

（5）课题的可完成性是指在保证基本教学要求的前提下，使毕业设计在教学计划规定的时间内，学生在指导教师的指导下经过努力能够完成。这就要求课题的选择要使其工作量和难易程度适当，内容既要结合实际，有一定的探索性；又要贯彻"少而精"的原则，工作量不宜过大。

3.4.2 课题的特点与要求

1）工程设计类课题

工程设计类课题利用所学的知识，面对经济建设或生产实际的问题，运用逻辑分析、判断，结合科学技术的最新成果，综合经济意识来设计完成新产品、新的生产系统或控制系统，以及新的工艺方法、装置及设备，从而提高产品的质量、数量和经济效益。这类课题包含面比较广，可大可小，若设计量很大，在毕业设计阶段很难完成，这就要把设计任务分成若干部分，分别让不同学生来完成，这样易于独立完成。

对工程设计类课题的教学要求是：以工程师的综合训练为主，侧重对学生工程设计能力的培养。

(1) 对机械设计与制造类的工程设计，其要求如下。

① 学生在教师指导下，应能独立拟定设计方案，提出方案的构思以及技术、经济条件等方面的可行性论证报告。

② 能熟练运用已学过的理论知识，采用工程分析计算方法或数值计算方法，正确完成各项计算工作。

③ 能熟练地掌握工程制图的方法和技巧，运用计算机绘图、计算机辅助设计等，按国家标准正确地完成绘图工作。

④ 能按设计任务书要求，编写出设计说明书和操作使用说明书。

(2) 对机械加工工艺及设备的工程设计，应以典型产品的工艺、工装设计为主，完成工艺工程师的基本训练，要求如下。

① 能根据产品的技术要求和加工生产的技术条件，拟定合理的工艺方法和工艺规程方案，并绘制工艺流程图。

② 能独立完成工艺过程的工装设备设计。

③ 能拟定产品生产过程的工艺、安全技术规程及相关的技术文件。

④ 能对所拟定的工艺进行技术和经济效益的综合分析及评价，并提出可行性论证报告。

2) 工程技术研究类课题

经济建设的飞速发展，科学研究和技术开发规模的扩大，科技知识深化速度的加快，使知识密集型产业、高技术产业的产值增大，智能机械的出现，信息技术的普及，加速了科技成果的转化，这些都让工程技术研究类课题越来越受到学生的青睐。工程技术研究类课题可使知识和技能有机结合，探索现代生产制造的新方法、新工艺，设计、安装、调试、鉴定新的生产线、新设备、新仪器等，研究结构、机构的工作原理，运动机制及影响生产的具体工艺问题。计算机的广泛应用使设计方案的确立和数据、信息处理发生很大变化，也使科研实验产生巨大的变革。这些都表明这种类型的课题综合性强，范围广，学科相互渗透，种类繁多，给学生选题增加了选择的宽广度。

工程技术研究类课题侧重于科学研究基本方法的训练，其基本要求如下。

(1) 应能对本课题的研究方向、国内外现状及研究意义进行正确的阐述、分析和综合评价。

(2) 在教师的指导下，应能自拟研究方案和实验技术方案，确定实验方法和步骤，设计实验装置，并提出可行性分析报告。

(3) 能独自动手完成(或与他人配合完成)本课题的主要实验，能正确掌握采集、分析和处理实验信息、数据的方法，并能从理论上对实验过程和实验结果进行分析论证，完成撰写研究论文的训练。

(4) 应能编制本课题需要的计算机软件。

3) 软件工程类课题

计算机科学和电子技术的发展，促使机械工业在产品设计、工艺、制造和管理诸方面发生深刻变化，许多传统的方法、概念正在更新。机械零部件及机电整机产品广泛应用计算机辅助设计及计算机辅助制造技术，由数控机床、加工中心、机器人、自动化传递装置等组成的柔性制造系统，为适应多品种、小批量、多样化的机械加工任务，为工厂自动化设计、管理、生产创造了条件。

软件工程类课题由于涉及面较宽，而且还在发展中，所以在具体应用中，要具备数值分析、计算机控制、计算机仿真、机械加工图像处理等知识，为此这类课题要侧重于软件的应用及基础知识的运用。其基本要求如下。

(1) 应能掌握机械工程中常用计算方法、模拟、工程优化、图形学、迭代分析技术和有限元技术等。

(2) 应具有采用数值模拟方法对机械加工工艺过程进行模拟分析，用计算机处理对加工过程和机械设备进行控制的能力和方法。

(3) 应能用各种现代数值分析手段对机械设备的强度、刚度进行分析。

3.4.3 课题分配原则和方法

1. 毕业设计课题的来源

毕业设计课题主要来源于以下几个方面。

(1) 指导教师根据科研项目、工程设计任务或新产品的开发研制等，从中选出适合学生情况和教学要求的部分。

(2) 指导教师为了使学生达到基本教学要求，受到综合训练，将生产实践中收集的材料进行裁剪、组合，采取假题真做拟定题目。

(3) 学生在企业、科研单位进行工程实践的基础上，结合实际需要拟定有研究开发价值的题目；影响生产的关键性工艺或设备方面的题目；接受委托协助研究开发的项目。

(4) 学生在科学活动中自立的研究课题。

2. 课题分配的原则与方法

课题分配的原则与方法是每人一题，独立完成；因材施教，全面训练；双向选择或教师分配，由各院系视情况而定。

选题一般由指导教师(学校、工厂、设计与科研单位)提出报告(或由学生提出，经教师初审后提出报告)，说明其意义、目的、要求、主要内容、前期工作及具备的条件，经教研室集体审定，报系教学主任批准后，方可列入选题计划。选题计划向学生公布后，学生根据自己的情况和兴趣申报选择意向，再由教研室协调。教研室根据学生意向与学生本人的实际能力和以往成绩，以及课题的类型、性质、工作量、难易度，结合指导教师的研究方向和意见，进行综合平衡，最后确定课题分配。以书面形式将课题任务书下发给学生，以便早做准备。

课题分配原则上每位学生独立完成一个课题，需要几位学生共同参加的项目，必须明确每个学生应独立完成的部分，以保证每人都受到较全面的训练，达到基本教学要求，又具有各自的特点。对综合训练不够的实际课题，指导教师应做适当的增补，使其满足教学要求。

毕业设计课题的分配，必须保证满足教学要求，重视开发学生的创造性，注意防止偏离培养目标，忽视教学要求，把学生单纯作为"劳动力"的倾向。

3.5 课题调研

3.5.1 课题调研的目的与要求

课题调研是学生在接到毕业设计任务书后进行毕业设计的第一个步骤。调研的题目是根据课题的内容、性质、要求来计划和安排的,也决定着调研的方式和方法。对于直接为经济建设服务,解决生产技术问题的实际课题,有必要到课题的委托单位或服务单位去了解课题的来源及现实生产状况。调研的过程就是对事物进行分析、综合、比较的过程。

1. 课题调研的目的

课题调研是学生深入生产实践、科学实践而取得感性认识,从中了解工业生产的整个过程,了解从设计到施工、管理以及新技术、新设备的应用,结合所学过的理论知识,使认识向深化发展。只有理论与实践的紧密结合才能完成调研任务。因此,调研的目的就在于使学生围绕毕业设计课题进一步了解与之有关的实际知识和进行资料的收集,为解决课题任务提供必要的条件,具体来讲,调研的目的如下。

1) 了解课题研究的对象及生产、科研的实际

丰富生产实践知识,巩固和加深所学的理论知识,深入了解机械产品生产的全过程及最新科学技术在机械制造业中的应用,接触所研究的生产技术问题,了解生产的组织管理、运输及产品销售情况,了解企业与研究院深化改革的情况,尤其要了解产品服务对象对产品的各项要求。

2) 加强理论联系实际,巩固所学知识

把生产中的机械加工设备、工艺与所学的理论知识相互联系起来进行分析,并加以深化,有利于了解课题。理论的原则化与生产实际的具体化、复杂化,只有在深入实际的过程中才能深刻地理解和认识,才能真正体会到理论联系实际的必要性,才能认识到学校学过的许多知识与解决实际生产问题还有很大的差距,只有实践才能缩短差距。

3) 培养深入实际调研的作风,提高工程技术素质

学生长期生活在学校,所处的环境有很大的局限性,这就需要从多方面来观察问题,从各个角度来认识问题。因而,学生要到工人和技术人员中去,多听第一线人员的意见,把意见和建议集中起来,这样才有利于进行综合、比较,找出主要矛盾。深入实际中与工人、技术人员相结合,建立共同的思想基础,以增强劳动观点和群众观点,这不但是工作方法问题,也是青年学生成长的必由之路。

2. 课题调研的要求

课题调研要求学生尽可能地利用一切方法和手段了解本课题所涉及的研究、生产、销售、使用等方面的实际情况以及有关的数据、图表、文献资料,并要求学生独立完成调研任务。

向生产实践学习,了解与课题有关的生产线、设备、工艺、装置、检测手段、生产特点及组织管理的实际知识。

向一线生产人员学习,了解研究者与生产者的实践感受、认识、经验和建议,了解产品的设计、生产过程中的质量分析及可能影响生产的工艺、设备等问题。

向使用者学习，了解产品存在的问题，以及他们对改进产品的愿望和要求。

向技术资料学习，了解信息资料中反映出来的先进的生产技术及手段，可使调研减少盲目性，提高效率。

总之，调研要求学生增强认识，端正思想，注意态度和方式方法。作为学生必须恭谨勤劳，在向实际向生产者进行调查的过程中，没有满腔热忱，没有求知的渴望，调研工作就难以完成；没有调查对课题就无从下手。调查要有调查提纲、嘴勤多问，手勤多记，脑勤多想，腿勤多跑，眼勤多看。调查要有强烈的求知欲，有好奇心，这样才敢于提出问题。

3.5.2 课题调研的内容、途径与方法

1. 调研的内容

1) 工程设计类课题的调研内容

工程设计类课题的调研内容如下。

(1) 了解机械结构原理及其使用性能，通过现场观察和阅读图纸、说明书等技术资料，对其主要技术性能指标、总体布局、传动原理、结构原理及主要装配结构关系有详尽的了解，了解结构设计及其分析以及技术指标。

(2) 了解机械装配全过程。装配是机械生产的最后一环，决定产品的性能与质量，要着重掌握和了解装配工艺过程及其特点，同类产品的装配要求，工装夹具、装配、检验、调整的方法和手段。

(3) 了解工装设备的设计原则及其应用。不但要了解工装设备的现状及生产手段，还要能从设计的观点和原则来分析，寻求可行的设计思路和改进方法。

(4) 了解国内外同类设备。参观先进设备，收集同类产品的资料，以掌握同类产品科技发展的前沿信息，以使设计有超前意识，并收集产品图纸、设计资料等主要参考资料。

(5) 对设计课题进行初步探讨，或进行适当可行的实验或验证，自学有关参考资料。

2) 工程技术研究类课题的调研内容

工程技术研究类课题的调研内容如下。

(1) 通过调研了解课题的来源，明确其意义和作用。工程技术研究类课题一般有科学实验和生产技术上的攻关、理论的分析与论证、产品研制和开发等。了解课题的来源及提出的依据，并对课题的要求、所要达到的预期目标有明确的认识，明确课题的经济效益和社会效益以及科学价值，增强完成毕业设计的迫切性和责任感。

(2) 了解有关完成课题的研究实验方案，可行的实验手段和方法，以及实验仪器和设备。课题的综合性、复杂性往往超出学校教学范围，学生只有到生产现场，才能结合课题考虑实验方案、实验手段和方法，了解先进的仪器设备、工具，并能了解或学会调试及使用它们的方法，学会实验数据采集及处理以及分析研究与论证。

(3) 收集有关的理论和实践性的论文或报告以及国内外现有水平等参考资料。资料的收集是艰苦而细致的工作，通过各种渠道收集和检索信息资料，并对其进行分析、归纳、整理、研究，使之对研究实验方案的确定有指导作用。

2. 调研的途径与方法

课题调研的途径主要有两个：一个是实地考察(可以是毕业实习或现场调查)，另一个是收集资料。二者相互配合。

收集资料是十分重要的工作，设计所需的资料不仅要有计算数据和参考图纸，而且还要有生产经验和研究成果及总结、规范和口头访问的资料。

（1）到与课题有关的研究、生产单位去了解，查看课题的来龙去脉及影响制约它的各种条件或因素，形成直观的认识，以便提高到理论的高度来研究、分析，并找到解决问题的关键所在。考察要有所侧重，对重点的设备、工艺、装置一定要深入了解。观察要仔细认真，多问几个为什么，以便把性能、原理搞透。

（2）到与课题有关的展览会、展销会去考察。展览会、展销会往往提供的是先进的设备与技术，从中可以掌握最新的科学发展和加工技术手段及设备，了解国内外发展水平，对课题的研究能提供启迪和帮助，使思路开阔，有利于引导和借鉴。

（3）到图书馆、资料室、专利所、信息中心去查阅有关的学术杂志、简报、图纸、说明书等文献资料与信息。由于范围较大，故指导教师要指导查阅的范围，尽可能地摘录、收集、归纳有用信息，为制订研究设计方案提供依据和素材。

（4）利用信息传递方式，向有关部门单位发函发电，以求帮助提供有关资料或有偿索取。这种方式虽快捷便利，但要预先选定收集信息的单位及索取资料的详细目录，才能有的放矢。

（5）资料的收集，贵在分析和研究。要求获得的资料既可靠而又有代表性。收集资料，切忌不加选择，囫囵吞枣，应力求消化并正确理解。

总之，课题调研是向社会学习的一种方式，只有以学习的思想和态度去对待，才能获得真知。

3.6 毕业设计的开题报告

3.6.1 开题报告的写作规范

1）开题报告应包含的内容

开题报告应包含的内容如下。

（1）综述本课题国内外研究现状，说明选题的依据和意义。

（2）研究的内容，拟解决的主要问题。

（3）研究的步骤方法及措施。

（4）工作进度。

（5）主要参考文献。

2）开题报告的排版要求

开题报告要求封面为四号宋体，正文为小四号宋体，页边距为左3cm，右2.5cm，上下各2.5cm，标准字间距，标准行间距，页面采用A4纸。

3）开题报告的字数要求

开题报告要求正文字数不少于3000字。

3.6.2 开题报告撰写范文

下面为四川农业大学的一名学生江小亮的开题报告，提供给读者做参考。

四川农业大学本科生毕业论文开题报告

毕业论文题目		农用车驱动桥壳的有限元法分析	
选题类型	基础型	课题来源	自选项目
学　　院	信息与工程技术学院	专　　业	农业机械化及其自动化
指导教师	×××	职　　称	×××
姓　　名	江小亮	年　　级	06级	学　　号	20062999

1. 立题依据

农村要实现可持续发展，必须解决好生态与资源的关系问题[1]。20世纪90年代以来，农村沼气建设实现了健康稳步发展，而且趋势加快，目前已经呈现出良好的发展势头[2]。随着沼气建设的发展，作为配套设备之一的沼气粪水和粪渣专用运输车的需求量也将大增。驱动桥是农用运输车中的重要部件，作用是支承并保护主减速器、差速器和半轴等，使左右驱动车轮的轴向相对位置固定；同从动桥一起支承车架及其上的各总成质量；行驶时，承受由车轮传来的路面反作用力和力矩，并经悬架传给车架。驱动桥壳的使用寿命直接影响汽车的有效使用寿命。合理设计驱动桥壳，使其具有足够的强度、刚度和良好的疲劳寿命，减小桥壳质量，将有利于提高汽车行驶平顺性和舒适性[3]。

由于驱动桥壳形状复杂，故难以运用经典力学的方法对其强度进行精确分析，过去常采用简化并结合经验的方法，显然这样的分析计算是粗略的[4]。有限元法是当前工程技术领域最常用、最有效的数值方法，已成为现代工程设计技术不可或缺的重要组成部分[5]。在变传统计算方法方面，前人已做了许多研究：文献［3］采用MSC.Nastran和FE-Fatigue对桥壳分别进行了强度计算和疲劳寿命的预估计算；文献［6］是利用通用有限元法和疲劳损伤理论对驱动桥壳进行疲劳寿命计算的；文献［4］只是利用Ansys对某农用车驱动桥壳进行了强度分析。这些研究也证明有限元分析法的可靠性。本课题按国家驱动桥壳台架实验标准，采用有限元分析程序对农用运输车驱动桥壳进行有限元分析，其中包括静力分析和疲劳分析。

本课题主要利用UG NX5.0画出三维模型，其具有强大的三维建模功能，采用复合建模技术，摒弃了传统的建模设计意图和参数化建模严重依赖草图，以及构造和编辑方法不丰富的缺陷；UG是以parasolid为核心的实体建模软件，世界上25%的三维产品数据是使用UG的parasolid建模核心生成的[7]。将模型导入有限元分析程序中，按照有限元分析的各个步骤进行分析，得出结果。

2. 主要工作内容

本课题主要工作内容为：对某一农用车驱动桥壳进行测量，在建模软件中做出简化三维模型，并进行反复的修改，得到适于有限元分析的三维模型；对模型进行网格划分、定义材料、约束，建立有限元模型；在有限元分析软件中对驱动桥壳进行静力分析和疲劳分析；通过有限元分析过程的实现，总结用有限元法分析的一般步骤和规范。

3. 预期目标

进一步学习运用建模和有限元软件；掌握CAD/CAM/CAE技术在产品设计中应用的思路；得出该型农用车驱动桥壳的应力分布，以及疲劳寿命，写出用于申请学位的论文；总结出有限元法用于驱动桥壳分析的一般步骤和规范。

4. 论文进度安排

（1）2009年4月至2009年5月：在图书馆文献检索系统及互联网上搜索相关文献，并撰写开题报告，为后续工作做准备。

（2）2009年6月至2009年7月：完成驱动桥壳的测量工作，画出可用三维模型，并完成有限元模型的建立。

（3）2009年8月：工厂实习，了解驱动桥壳的设计和生产。

（4）2009年9月至2009年11月：完成静力分析和疲劳寿命分析。

（5）2009年12月：完成论文写作及后续修改和答辩。

5. 主要参考文献

［1］曾晶，王厚俊．农村沼气综合利用的环境与技术经济评价［J］．中国农机化，2004(04)：26-28．

[2] 张艳丽. 我国农村沼气建设现状及发展对策 [J]. 可再生能源, 2004(04): 5-8.
[3] 李亮, 宋健, 文凌波, 高京. 商用车驱动桥壳疲劳寿命的有限元仿真与实验分析 [J]. 机械强度, 2008(03): 503-507.
[4] 王彦生, 胡留现, 刘宗发, 徐红玉. 农用运输车驱动桥壳基于 ANSYS 的强度分析研究 [J]. 拖拉机与农用运输车, 2006(5): 77-79.
[5] 李黎明. Ansys 有限元分析使用教程 [M]. 北京: 清华大学出版社, 2005.
[6] 朱茂桃, 韩兵. 农用运输车驱动桥壳疲劳寿命分布预测 [J]. 机械强度, 2008(01): 166-169.
[7] 暴风创新科技. UG nx5 中文版从入门到精通 [M]. 北京: 人民邮电出版社, 2008.

指导教师意见
（1）论题具有较强的现实意义和学术价值；论点鲜明正确且有新意，表现出一定的独创性。
（2）该生针对课题查阅了一定的技术文献，学习态度端正，论文涉及面广，难度适中，工作量适度。
（3）该生能熟练地综合运用所学理论和专业知识；能比较全面或深入地分析实际问题，表现出较强的独立进行科学考察与研究的能力。
（4）设计开题报告符合基本格式，所选的题目与本专业吻合。根据该生的现有基础，通过课题工作期间的努力可以较好地完成课题任务。

指导教师签名：×××
2009 年 04 月 16 日

开题小组意见

负责人及成员签名：

答辩时间： 年 月 日

注：（1）选题类型：基础型、应用基础型、应用型、调研型。
（2）课题来源：国家级项目、省部级项目、横向合作项目、校级项目、自选项目。

3.7　毕业设计的撰写规范

为了提高本科生的综合素质，进一步强化本科生毕业设计教学环节的管理，严把毕业设计的质量关，确保毕业论文档案资料的规范、完整性，本科生毕业设计一般有一定的撰写规范，毕业生应严格按照此规范进行论文撰写。

3.7.1　科学实验论文

科学实验论文一般由以下主要部分组成：题目、作者；中文摘要；英文题目、作者、摘要；论文正文；参考文献；致谢；附录。各部分具体要求如下。

1. 题目

题目表述论文所研究的对象和内容，要求字数少、简明精练，原则上不超过 20 个字。如果设有主、副标题，副标题应指具体的研究内容。

2. 作者

题目下面第一行写专业、学生姓名；指导老师的姓名写在下一行。

3. 中文摘要

摘要应具有独立性和自含性，即不阅读报告、论文的全文，就能获得必要的信息。摘要应概括地反映论文的主要内容，主要说明论文的研究目的、研究方法、所取得的成果和结论。要突出论文的创造性成果或新见解，力求语言精练准确。论文摘要要求字数文为 200 字左右，关键词为 3~5 个。

4. 英文题目、作者、摘要

英文题目、作者、摘要与中文相对应。

5. 论文正文

论文正文大体上包含 4 个部分：引言、材料与方法、结果与分析、讨论或结论。

引言应综合评述前人的相关研究工作，说明论文的选题目的与意义。引言篇幅不要太长，一般教科书中有的知识在引言中不必赘述，引言篇幅一般不超过全文的 1/3。

论文实验部分的内容一般包括：调查对象、实验和观测方法、仪器设备、材料原料、实验和观测结果、计算方法和编程原理、数据资料、经过加工整理的图表、形成的论点和导出的结论等。一般包括材料与方法、结果与分析、讨论或结论等部分。写作方式可因学科专业、论文选题的不同而不同，但必须实事求是、客观真实、合乎逻辑、层次分明、分析要有一定深度和广度，讨论必须言之有据。

6. 参考文献

参考文献只列作者阅读过，在正文中被引用过、正式发表的文献资料。按文中引用的先后顺序编码，并将编码置于方括号中以上标形式标注在引用句后。参考文献要求 15 篇以上，其中最好至少有 2 篇外文文献。文献中的作者不超过 3 位时全部列出；超过 3 位时一般只列前 3 位，后面加"等"字或"et al"；作者姓名之间用逗号分开；主要参考文献的著录格式如下。

1) 期刊

[序号] 作者. 文章题目 [J]. 刊名，出版年份，卷号(期号)：起止页码

2) 专著

[序号] 作者. 书名 [M]. 出版地：出版者，出版年，p：起止页码

3) 论文集

[序号] 作者. 文题. 见(in)：编者，编(eds). 论文集名. 出版地，出版者，出版年，p：起止页码

4) 学位论文

[序号] 作者. 文题. [学位论文]. 授予单位所在地：授予单位，授予年

5）专利

[序号] 申请者. 专利名. 国别，专利文献种类，专利号，出版日期

6）技术标准

[序号] 责任者. 技术标准代号. 标准顺序号—发布年. 技术标准名称. 出版地，出版者，出版日期

7. 致谢

致谢中主要感谢导师和对论文工作有直接贡献及帮助的人士和单位。

8. 附录

附录主要列入正文内过分冗长的公式推导，供查读方便所需的辅助性数学工具或表格；重复性数据图表；论文使用的符号意义、单位缩写、程序全文及其说明等。

3.7.2 管理和人文学科类论文撰写格式

管理和人文学科的论文应包括对研究问题的论述及系统分析，比较研究，模型或方案设计，案例论证或实证分析，模型运行的结果分析或建议、改进措施等。其主要组成部分与科学实验论文相同，但论文正文大体上包含引言、调查对象与方法、结论与分析、意见与建议。

（1）引言主要是阐述调查问题的提出，引言部分一般不超过全文的1/3。

（2）调查对象与方法主要说明调查的目的、对象、方法和调查组织及工作完成情况等。

（3）结论与分析是以调查研究后提出的观点或得出的结论为纲目，对逐个观点（问题）进行论述，同时阐明它们之间的关系。切忌只是调查材料的简单堆砌，没有主次之分，没有作者自己的分析和观点。

（4）意见与建议是调研报告的重要组成部分。调研的最终目的在于解决实际问题。作者在经过调研摸清情况、掌握规律的基础上，提出解决问题的意见和建议，它既可为决策者提供依据和空间，也可为后人进一步研究解决问题奠定基础。

3.7.3 毕业设计报告的撰写

毕业设计报告应扼要地写出整个设计的方案与思路，本人承担的任务在整个方案中的地位，所承担的部分在国内外的发展状况，在此次设计中使用何种方法，自己通过设计工作所得到的体会以及对设计有何改进意见。毕业设计的主要组成部分与科学实验论文相同，但毕业设计的论文正文大体上包含引言、设计方案评价、设计方法、设计成果、讨论等。

（1）引言要写明设计任务的由来，设计标准与任务要求，承担单位，分工情况，学生本人承担的任务与完成情况等，引言部分一般不超过全文的1/3。

（2）设计方案评价一般有多个设计方案进行比较，对首选方案进行评估。要在工程投资、建设工期、投产后的经济效益、环境影响等方面进行评价。

（3）设计方法主要阐述本人承担的任务是如何进行设计的，是否有新意或技术方法上的突破。

（4）设计成果是说明总的成果与本人承担部分的成果及成果评价。

（5）讨论是对设计中的问题或难点及有新改进的地方提出来进行讨论，以便能够更好

地进一步探讨与解决问题。

3.7.4 其他要求

1. 字数要求

科学实验论文和毕业设计论文一般应不少于 5000 字，调研报告一般应不少于 7000 字。各专业应作切合实际的规定。

2. 打印要求

论文一律用 A4(210mm×297mm)标准大小的白纸打印并装订(左装订)成册。版面页边距上空 2.5cm，下空 2cm，左空 2.5cm，右空 2cm。页码位于页面底端(页脚)，居中对齐，首页显示页码。论文题目使用黑体三号字，摘要、关键词使用楷体小四号字，内容使用宋体小四号字，行距为 1.5 倍行距，字符间距为标准。

3. 计量单位使用说明

计量单位应采用 1984 年 2 月 27 日国务院发布的《中华人民共和国法定计量单位》所规定的计量单位。

3.8 毕业设计的成绩考核

3.8.1 毕业设计的评阅工作和评语要求

毕业论文撰写完成后，交指导教师审阅。指导教师审阅通过后，再印刷装订，并交指导教师填写审阅意见。然后交评阅教师对毕业设计进行评阅，并写出评阅意见。指导教师不能兼任被指导学生的毕业设计评阅教师。

指导教师是学生毕业论文的第一责任人。指导教师应对学生毕业设计的研究过程、论文研究任务完成情况、论文研究方法、论文研究结果、论文的文字表达等做出全面评价。指导教师主要从观点是否正确、鲜明；论据是否充分；分析是否全面；结构是否合理；语句是否通顺；有无现实指导意义等方面进行表述。

评阅教师的评语不包含过程评价，方法和结果评价的评语与指导教师评语的要求类似。评阅教师要独立评阅，禁止抄袭指导教师的评语。评阅教师同时要负责查阅指导教师评语的符合度。

3.8.2 毕业论文的答辩工作和评语基本内容

1) 毕业答辩工作的组织

答辩在指导教师审阅同意及评阅教师评阅合格后进行。

答辩小组由 3 名以上专业教师组成，各答辩组的答辩工作由答辩组长主持。

答辩小组应指定一名秘书，做好比较详细的答辩记录，答辩记录存档备查。

2) 毕业答辩的程序

学生首先向毕业答辩小组现场报告论文名称、主要研究内容，论文的前人工作基础、论文过程、重要结论及其理论价值、实用价值、论文的不足(前提)及其可能完善方向、方法等,时间不超过 20 分钟。

然后,毕业答辩小组对学生质疑。质疑的时间不少于 5 分钟,但不超过 15 分钟;主要针对(但不限于)以下几个方面提出质疑

(1) 现场报告中的疑、错点。
(2) 论文中存在的疑、错点。
(3) 论文涉及的基本理论、基本技能。
(4) 阶段性成果的价值。
(5) 本论文的不足及完善方向、方法。

3) 答辩小组评语

答辩小组的评语要尽力做到以事实和比较为依据。答辩委员会的意见应从答辩态度如何、思路是否清晰、回答是否准确、语言是否流畅、对原文不足方面有无弥补等方面进行表述

3.8.3 毕业论文成绩的评定

1) 评定方法

毕业论文的成绩要根据完成任务的情况、文献查阅、文献综述、综合动手能力、论文质量、论文结论的学术价值、论述的系统性与逻辑性和文字表述能力、答辩情况及工作态度、尊师守纪情况等方面综合评定。

毕业论文成绩采用百分制,由毕业论文过程评分(占 40%)、毕业论文评阅成绩(30%)和毕业论文答辩成绩(30%)3 部分组成。其中,有任何一项考核不合格(即单项指标考核分数低于单项总分的 60%),均以毕业论文的成绩不及格计算。

毕业论文的过程评分由指导教师做出评价,主要依据学生的出勤、工作态度、对论文的理解程度及项目的进展情况等进行评价。

答辩成绩由答辩小组评定。答辩小组应根据论文内容、学生现场报告、学生回答提问 3 个方面,评定毕业答辩成绩。

如果答辩小组发现指导教师或评阅教师给出的成绩存在明显失当,有权进行调整,但应在答辩小组意见栏做出说明,或单独做出书面说明。

2) 评定标准

优秀(90 分以上):能熟练地综合运用所学理论和专业知识;论题具有较强的现实意义或学术价值;论点鲜明正确且有新意,表现出一定的独创性;能比较全面或深入地分析实际问题,表现出较强的独立进行科学考察与研究的能力;论文中心突出、论据充分、论证严密、层次清晰、详略得当;语言准确简洁、文笔流畅。

答辩时,思想清晰,论点正确,回答问题时基本概念清楚,对主要问题回答正确、深入。

良好(80~89 分):论题具有一定现实意义或学术价值;论点鲜明正确,有一定的个人见解,能运用有关基础理论、专业知识和技能较好地分析实际问题;论文中心明确、内容充实、层次清楚、有较强的内在逻辑性,在论证方面显示出一定的深度与广度;语言表达能力较强。

答辩时,思路清晰,论点基本正确,能正确地回答主要问题。

中等(70～79分)：运用所学理论和专业知识基本正确，但非主要内容上有欠缺不足；论题有一定的现实意义，并以一定材料为依据进行阐述；论文符合所属各类文体的基本特点和格式；中心较明确，层次较清楚，主要论据基本可靠。学生有一定的独立工作能力；工作作风踏实，工作量符合要求；尊师守纪。

答辩时，对主要问题的回答基本正确，但分析不够深入。

及格(60～69分)：文章在真实性方面未发现问题，内容尚充分，条理和逻辑线索尚不显得混乱。

答辩时，主要问题能答出，或经启发后能答出，回答问题较肤浅。

不及格(60分以下)：基本概念和基本理论未掌握；在运用理论和专业知识中出现不应有的原则错误；论文敷衍成篇，且层次混乱、条理不清；论文不符合所属文体的特点和格式；毕业论文未达到最低要求；学生工作作风不踏实，工作量明显不足。

答辩时，对毕业论文的主要内容阐述不清，基本概念模糊，答辩时不能回答基本问题或原则错误较多。

第 4 章 机械设计类毕业设计

4.1 设计的过程和内容

4.1.1 机械产品设计的要求及全过程

机械产品设计是一个通过分析、综合与创新获得满足某些特定要求和功能的机械系统的过程。

1. 机械产品设计的基本要求

1) 实现预定功能

设计的机器应能实现预定功能,并在规定的工作条件下、规定的工作期限内能正常运转。

2) 满足可靠性要求

机械产品的可靠性是由组成机械的零部件的可靠性保证的。只有零部件的可靠性高,才能使系统的可靠性高。机械系统的零部件越多,其可靠性越低。

3) 满足经济性要求

设计的机械产品应先进、功能强、生产效率高、成本低、使用维护方便,在产品寿命周期内用最低的成本实现产品的预定功能。

4) 操作方便、工作可靠

操作系统要简便可靠,有利于减轻操作人员的劳动强度。要有各种保险装置以消除由于误操作而引起的危险,避免人身及设备事故的发生。

5) 造型美观、减少污染

重视产品的工艺造型设计,产品不仅要功能强、价格低,而且外形要美观、实用,使产品在市场上富有竞争力。尽可能地降低噪声,减轻对环境的污染。

6) 推行标准化要求

设计的机械产品规格、参数应符合国家标准,零部件应最大限度地与同类产品互换通用，产品应成系列发展，推行标准化、系列化、通用化，提高标准化程度和水平。

2. 机械产品设计全过程

1）产品规划

机械设计的任务是根据生产和市场需求提出的，此时所要设计的机械只是个模糊的概念。

2）方案设计

方案设计包括机械系统总体方案设计、传动系统方案设计、控制系统方案设计和其他辅助系统设计。

3）技术设计阶段

机械的结构和技术设计是根据机构运动简图提出合理的结构设计方案，进行产品的总体结构设计，部件和零件设计及绘制全部生产图纸，编制设计计算说明书、机械使用说明书、标准件明细表等技术文件。

4）制造及试验

经过加工、安装和调试制造出样机，对样机进行试运行或在生产现场试用，将试验过程中发现的问题反馈给设计人员，经过修改完善，最后通过鉴定。

学生在写毕业论文过程中应了解生产实际中的机械产品设计过程，并与毕业设计过程相比较，找出它们的联系与区别，更好地为毕业设计服务。

4.1.2 机械设计类毕业设计的过程及工作内容

1. 设计过程

毕业设计距产品设计尚有一定差距，因此其过程与产品设计过程不完全相同，大致分为以下 8 个步骤。

(1) 指导教师确定设计题目并制定详细的设计要求。
(2) 毕业设计实习（调研）。
(3) 选择设计方案。
(4) 总体设计。
(5) 详细设计。
(6) 指导教师批改。
(7) 修改设计。
(8) 毕业设计答辩。

2. 工作内容

1）指导教师的工作内容

(1) 毕业设计的选题、选题的试做、毕业设计实习（调研）地点等准备工作，应在毕业设计正式开始之前完成。

(2) 毕业设计任务书、毕业设计指导书、毕业设计实习（调研）提纲等指导文件，应在毕业设计正式开始时分发给每位学生。

(3) 上述毕业设计过程的 8 个步骤，教师要贯彻始终，同时又应重点指导的选择设计方案、总体设计这两步。其中的指导教师批改是指集中批改，同时也应保证此前的经常性指正。

2) 学生的工作内容

(1) 在教师指导下完成方案设计与总体设计。

(2) 相对独立地完成详细设计和必要的设计计算。

(3) 独立完成工程图纸绘制和设计计算说明书撰写。

(4) 独立翻译与设计题目相关的外文文献资料并撰写本题目的外文摘要。

(5) 有条件的学校应运用计算机辅助设计、计算与绘图等，可占总工作量的 1/5~1/3。

3. 一些机械产品设计题名

以下是一些供参考的机械产品设计题名。

(1) CA6140 车床经济型数控改装设计。

(2) XS-ZY-125 塑料注射机设计。

(3) 遥控器后壳的注塑模具设计。

(4) 圆锥-圆柱齿轮减速器的优化设计。

(5) U 型钢支架成形机设计。

(6) 手动投球机器人结构设计。

(7) 罐装品自动售货系统及结构设计。

(8) 硬币自动选别包装机设计。

(9) 花生去壳机设计。

(10) 机械手夹持器设计。

4.2　机械设计类毕业设计的方法和步骤

4.2.1　机械产品的功能原理设计

机械产品设计的最初环节是针对产品的主要功能提出一些原理性的构思。这种针对主要功能的原理设计，称为"功能原理设计"。不同的功能原理所需要的工艺动作，以及所设计的机械在工作性能、工作品质和使用场合等方面会有很大差异。功能原理设计的重点在于提出创新构思，使思维尽量"发散"，力求提出较多的见解，以便比较和选优。对构件的具体结构、材料和制造工艺等则不一定要有成熟的考虑。

1. 功能原理设计的特点

功能原理设计的特点如下。

(1) 功能原理设计往往是用一种新的物理效应来代替旧的物理效应，使机器的工作原理发生根本变化的设计。

(2) 功能原理设计往往要引入某种新技术或新材料和新工艺，特别是计算机和信息技术的应用；但首先要求设计人员要有新的构思，否则即使新技术放到面前也不会把它运用到设计中去。

(3) 功能原理设计会使机器品质发生质的变化。例如，机械表不论在技术上如何改进，其精确性也不可能与石英电子表媲美。

（4）不断进行比较和多解选优。

2. 功能分类

功能是产品必须实现的任务或者说是产品的用途。功能大致可从3个角度进行分类。

1）必要功能和冗余功能

必要功能中有用户需要的，称为基本功能，也有设计者为保证实现基本功能而添加的附属功能。基本功能在整个设计过程中不得随意改变，而附属功能可随技术条件的变更而改变或取舍。冗余功能是设计者主观添加的，不是用户需要的，也不是实现基本功能所必需的。由于冗余功能总伴随着成本的增加，所以必须摒弃。

2）整体功能和局部功能

整体功能要靠各局部功能相互配合、相互作用而实现。区分整体功能和局部功能是为了便于发现冗余功能，并避免必要功能的遗漏或重复。

3）上下位功能和并列功能

某些功能之间具有主从关系，即目的和手段的关系，前者称上位功能，后者称下位功能。几个下位功能同时从属于同一个上位功能，即是并列功能。划分上下位功能和并列功能是为了便于展开功能体系，画出清晰的功能阶梯结构图，利用功能分析设计法完成产品的功能设计。

3. 功能设计的原则

功能设计的原则如下。

（1）保证产品的整体基本功能。

（2）防止功能遗漏，包括防止附属功能的遗漏。

（3）尽量减少附属功能的数量。

（4）去除冗余功能，但要注意冗余功能与冗余结构的区别。配置冗余结构（如安全装置）有时是必要的。

（5）注意基本功能的附加条件，附加条件有：功能的使用地点与环境，功能的定性和定量参数，功能的经济性等。

4. 功能设计的内容

分级列出整体功能和局部功能的内容，一般分为二、三级即可。在补足遗漏的功能和去除冗余功能后，用框图形式，画出功能与结构阶梯图如图4.1所示。由于产品结构的阶梯图并不与功能阶梯图一一对应，有些功能需要几个结构装置共同实现，而有些结构装置可同时实现几种功能，因此，在功能阶梯图上对应地画出产品结构的阶梯图，也是功能设计的内容，而且设计的难点就在于清晰地标示出功能单元与结构单元之间的关系。在后面进行各阶段的设计过程中，应该力求找出最好的对应关系。

5. 功能设计的方法

功能设计方法有若干种，如功能展开分析法、结构模型展开法、多变量解析法等。其中功能展开分析法比较适宜在学生毕业设计中应用，但不适宜在复杂的功能阶梯图中使用。

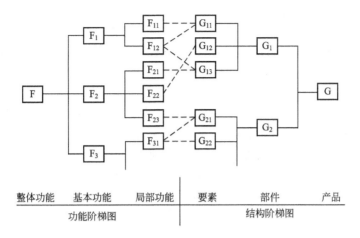

图 4.1 功能与结构阶梯图

4.2.2 机械产品的总体设计

产品功能是否齐全、性能是否优良、经济效益是否显著,在很大程度上取决于总体方案设计的构思和方案拟订时的设计思想。

1. 总体设计的基本要求

总体布置必须要有全局观点,不仅要考虑机械本身的内部因素,还要考虑人机关系、环境条件等各种外部因素,其基本要求如下。

1) 保证工艺过程的连续和流畅

这是总体布置的最基本要求。对工作条件恶劣和工况复杂的机械,还应考虑零部件的惯性力、弹性变形,以及过载变形及热变形、磨损等因素的影响,以确保运动零部件必需的安全空间,保证前后作业工序的连续和流畅,以及能量流、物料流和信息流的流动途径合理。

2) 降低质心高度,减小偏置

如果机械的质心过高或偏置过大,则可能因扰力矩增大而造成倾倒或加剧震动;对于固定式机械也将影响其基础的稳定性。所以,在总体布置时应力求降低质心,尽量对称布置,减小偏置,同时还必须验算各零部件和整机的质心位置,控制质心的偏移量。

3) 保证精度、刚度和抗震性等要求

机械刚度不足及抗震性不好,将使机械不能正常工作,或使其动态精度降低。为此在总体布置时,应重视提高机械的刚度和抗震能力,减小震动的不利影响。

4) 充分考虑产品系列化和发展要求

设计机械产品时不仅要注意解决存在的问题,还应考虑今后进行变型设计和系列设计的可能性,及产品更新换代的适应性等问题。对于单机的布置还应考虑组成生产线和实现自动化的可能性。

5) 结构紧凑,层次分明

为使结构紧凑,应注意利用机械的内部空间,如把电动机、传动部件、操纵控制部件等安装在支承大件内部。为缩小占地面积,可用立式布置代替卧式布置。

6) 操作、维修和调整简便

为改善操作者的工作条件，减少操作时的体力及脑力消耗，应力求操作方便舒适。在总体布置时应使操作位置、修理位置和信息源的数目尽量减少，使操作、观察、调整、维修等尽量方便省力、便于识别，以适应人的生理机能。

7) 外形美观

机械产品投入市场后给人们的第一个印象是外观造型和色彩，它是机械的功能、结构、工艺、材料和外观形象的综合表现，是科学与艺术的结合。设计的机械产品应使其外形、色彩和表观特征符合美学原则，并适应销售地区的时尚，使产品受到用户的喜爱。为此，在总体设计布置时应使各零部件组合匀称协调，符合一定的比例关系，前后左右的轻重关系要对称和谐，有稳定感和安全感。外形的轮廓线最好由直线或光滑的曲线构成，以使产品有整体感。

2. 总体设计的内容

1) 总体布局设计

总体布局设计要考虑 5 个主要参量，即形状、大小(体积和平面布置的面积)、数量、位置和顺序。机械产品总体布局可以分为以下几种类型。

(1) 按空间位置分为二维布局(平面式)和三维布局(立体式)等。

(2) 按主要工作机构布局分为水平式、垂直式和倾斜式等。

(3) 按原动机与机架相对位置分为前置、后置、中置和内藏等形式。

(4) 按工作机构或工件(材料)运动轨迹分为回转、直线和往复等形式。

(5) 按动力传动路线分为开式、闭式。

(6) 按机架(壳)形式分为整体式，剖分式和组合式等。

上述分类在布局设计中难以全都考虑在内，应根据机械产品的设计要求选一种类型为主，或再选其他类型为辅。例如，汽车设计时总体布局要确定发动机、驱动轴和车身、驾驶室的相互位置，所以在(3)中加以选择。货车一般采用前置式，现代化的大客车采用中置或后置等。又如，食品包装机在(2)中选择，其中包装散状颗粒物料的机器，许多都采用立式总体布局，物料运动自上而下，与重力方向一致，主要执行机构沿物料的运动路线布置，使整机占地面积较小。

2) 人-机系统设计

人-机系统是指在给机器输入和从机器输出的过程中，人与机器的相互作用关系。

(1) 人-机系统设计的基本要求：总体布局应该与人体尺寸数据相适应，机器的输出应该显示清晰、容易观察、便于监控；需要人力输入的控制操作应该方便省力，减轻疲劳；输出信息时从检测到反馈控制操作应该和人的感知特征和反应速度相适应；安全、舒适，能使操作者长时间保持情绪稳定。

(2) 人-机系统设计要点：人与机械合理分工，人体机能所不能胜任的应分配给机器完成；人与机械之间的界面设计应该使人和机器有机地结合、相互适应。在毕业设计中即应选用合适的显示装置和控制装置。

3) 机械-环境系统设计

总体设计要考虑工作环境对机械产品的影响，也要考虑机械产品对环境的影响。

(1) 对恶劣环境的防护：如防腐蚀、防尘、防磁、防爆、防震等。

(2) 消减对环境的污染：降低机械的振动、噪声，减少"三废"和综合治理。在毕业设计中，如有污染，至少要提出治理方案。

4) 造型设计

在市场经济条件下，产品的造型设计显得越来越重要。学生在毕业设计中即应开始这方面的训练。

(1) 造型设计基本要求：利于而不是脱离产品的功能实现；外观布局简洁、层次分明、结构紧凑；形状和色调统一和谐；同时要有良好的制造工艺性。

(2) 造型设计要点如下。

① 稳定性：对于静止或运动缓慢的产品，布局应力求质心低而支承面大。

② 运动性：利用非对称性（斜线、圆角、流线型）强调产品的运动特征。

③ 轮廓：利用"黄金分割"原理和"优先数系列"设计整体轮廓。

④ 外观分解：将外观结构分解成比较大的部件要比分解成许多小的部件更利于良好造型。

⑤ 简洁：简化外观形状、减少外露部件数量。

⑥ 色调：考虑对人的情绪和心理的影响，也要考虑物理效应，如热辐射功能等。

5) 总体方案的评价

工程设计要解决的是复杂、多解的问题，获得尽可能多的方案，然后通过评价从中选择最佳方案，在发散-收敛的过程中创新，这是合理设计的重要思路。在设计各阶段确定工作原理方案、机构方案、结构方案的过程中，都要进行搜索和筛选，通过逐段评价才能得到价值优化的合理方案。评价不仅要对方案进行科学分析和评定，还应针对方案的技术、经济方面的弱点加以改进和完善。

产品或技术方案评价依据的评价目标（评价准则）一般包含3个方面的内容。

(1) 技术评价目标：工作性能、运动性能、动力性能、加工装配工艺性、使用维护性、技术上的先进性等。

(2) 经济评价目标：成本、利润、投资回收期等。

(3) 社会评价目标：方案实施的社会影响、市场效应、节能、环境保护、可持续发展等。

通过分析，选择主要的因素和约束条件作为实际评价目标，一般最好不超过6~8项，这是由于项目过多容易掩盖主要影响因素，不利于方案的选出。

常用的评价方法有：价值工程法、实用价值分析法、技术经济评价法等。

3. 总体设计的步骤

总体设计的步骤大体可以分为以下几步。

1) 确定设计的策略

这是构思方案的指导思想，可归纳为以下5种策略。

(1) 增加产品功能而保持成本不变。

(2) 保持功能不变但降低成本。

(3) 少增加成本以便多增加功能。

(4) 减少一些功能以使成本降低很多。

(5) 增加功能同时降低成本。

前4种已经得到广泛应用，最后一种最理想也最困难。总体设计之初应确定采用其中一种。

2) 分析设计要求

3) 参考实习调研得到的资料

4) 拟定若干可行方案草图

5) 对比、筛选、确定方案

6) 总体设计论证

4. 总体设计时的注意事项

1) 特别关注的技术问题

(1) 设计要求明细表,设计要求若只有文字说明,应再列出明细表。

(2) 动作顺序、运动路线图示。

(3) 环境条件明细表。

(4) 空间尺寸限制。

(5) 机、电、液、气、磁的传动匹配。

(6) 关键零部件明细表(参考调研资料)。

(7) 故障统计表(参考调研资料)。

(8) 特殊材料和外购零部件(参考调研资料)。

2) 评价时的注意事项

(1) 评价总体方案时的评价准则总数不宜过多。

(2) 将评价准则依照重要程度排出主次顺序。

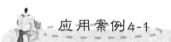应用案例4-1

下面是某高校机械工程与自动化专业某学生在其毕业设计中设计的一种新型逆滚动螺旋舵机机构,其整体布局如图4.2所示。

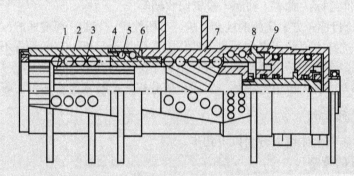

图4.2 逆滚动螺旋舵机机构整体布局
1—螺杆 2—花键套 3—同步套 4—左止推外套 5—钢球
6—左止推内套 7—螺旋套 8—右止推副 9—油缸

分析:逆滚动螺旋舵机机构是由螺杆、花键套、同步套、左止推外套、钢球、左止推内套、螺旋套、右止推副、油缸组成,在整体布局中确定各组成的二维布局相互位置等。

4.2.3 机械产品的执行机构设计

机械产品的执行机构功能原理设计是根据机械预期实现的功能要求,构思出所有可能的功能原理,加以分析比较,并根据使用要求或工艺要求,从中选出既能很好地满足功能要求,工艺动作又简单的工作原理。

1. 实现执行构件各种运动形式的常用机构

实现执行机构某一运动形式的机构通常有好几种,设计者必须根据工艺动作要求、受力大小、使用维修方便与否、制造成本高低、加工难易程度等各种因素进行分析比较,然后择优而取。实现执行构件各种运动形式的常用机构有如下几类。

1) 实现连续旋转运动的机构

双曲柄机构(包括平行四边形机构、双滑块机构),转动导杆机构,定轴齿轮传动机构(包括圆柱、圆锥、交错轴斜齿轮传动机构等),蜗杆传动机构,周转轮系机构(包括少齿差、摆线针轮、谐波齿轮传动机构等),各种摩擦轮传动机构,各种柔型传动机构(如带传动,链传动等),非圆齿轮传动,齿轮-连杆机构,链轮-连杆机构,单、双万向联轴节等都能实现连续旋转运动。

2) 实现间歇旋转运动的机构

棘轮机构、槽轮机构、不完全齿轮机构、凸轮式间歇运动机构等都能实现间歇旋转运动。

3) 实现往复摆动的机构

曲柄摇杆机构、摇块机构、摆动导杆机构、摆动从动件凸轮机构、双摇杆机构(包括等腰梯形机构)、由液压缸或汽缸驱动的齿条齿轮机构及输出运动为摆动的组合机构等都能够实现往复摆动。

4) 实现间歇往复摆动的机构

带有休止段轮廓的摆动从动件凸轮机构、输出运动为间歇往复摆动的组合机构等都能够实现间歇往复摆动。此外,一些间歇运动机构通过与实现往复运动的机构的组合,或者通过控制驱动液压缸(或汽缸),也能实现间歇往复摆动。

5) 实现往复移动的机构

曲柄滑块机构、正弦机构、移动导杆机构、齿轮齿条机构、螺旋机构、各种移动从动件凸轮机构等都能够实现往复移动。此外,通过曲柄摇杆机构与摇杆滑块机构的组合或凸轮机构与摇杆滑块机构的组合也能实现往复移动。

6) 实现间歇往复移动的机构

利用连杆曲线的圆弧段来实现间歇运动的平面连杆机构、凸轮轮廓有休止段的移动从动件凸轮机构、中间有停歇的斜面拨销机构、不完全齿轮-移动导杆机构组合等都能够实现间歇往复移动。此外,棘轮棘齿条机构还能实现单向间歇直线移动。

7) 实现刚体导引引动的机构

铰链四杆机构、曲柄滑块机构、凸轮连杆机构、齿轮-连杆机构等的连杆机构都能实现刚体导引运动。

8) 实现给定曲线(轨迹)运动的机构

利用连杆曲线来实现给定运动轨迹的各种连杆机构,实现给定轨迹的各种组合机构,如凸轮-连杆机构、齿轮-连杆机构等。

2. 执行机构选型的基本原则

在进行机构选型和组合时，设计者必须熟悉各种基本机构和常用机构的功能、结构和特点，并且还应该遵循下列基本原则。

1) 满足工艺动作和运动要求

选择机构首先应满足执行构件的工艺动作和运动要求。通常高副机构比较容易实现所要求的运动规律和轨迹，但是高副的曲面加工制造比较麻烦，而且高副元素容易因磨损而造成运动失真。低副机构虽然往往只能近似实现所要求的运动规律或轨迹，尤其当构件数目较多时，累计误差较大，设计也比较困难，但低副元素（圆柱面或平面）易于加工且容易达到加工精度要求。因此从全面考虑，应优先采用低副机构。

2) 结构最简单，传动链最短

在满足使用要求的前提下，机构的结构应尽可能简单，构件的数目要少，运动副数目也要少。这样不仅可以减少制造和装配的困难，减轻重量，降低成本，而且还可以减少机构的累计运动误差，提高机器的效率和工作可靠性。

3) 原动机的选择有利于简化结构和改善运动质量

目前机器的原动机多采用电动机，也有采用液压缸或气缸。在有液、气压动力源时尽量采用液压缸或气缸，这样有利于简化传动链和改善运动质量，而且具有减振、易于减速、操作方便等优点，特别对于具有多执行构件的工程机械、自动机，其优越性更突出。

4) 机构有尽可能好的动力性能

这一原则对于高速机械或者载荷变化很大的机构应特别注意。对于高速机械，机构选型要尽量考虑其对称性，对机构或回转构件进行平衡，使其质量合理分布，以求惯性力的平衡和减小动载荷。对于传力大的机构要尽量增大机构的传动角或减小压力角，以防止机构自锁，增大机器的传力效益，减小原动机的功率及其损耗。

5) 加工制造方便，经济成本低

降低生产成本，提高经济效益是使产品有足够的市场竞争力的有力保证。在具体实施时，应尽可能选用低副机构，并且最好选用以转动副为主构成的低副机构，因为转动副元素比移动副元素更容易加工，也更容易达到精度要求。此外，在保证使用条件的前提下，尽可能选用结构简单的机构；尽可能选用标准化、系列化、通用化的元器件，以达到最大限度低降低生产成本，提高经济效益的目的。

6) 机器操纵方便、调整容易、安全耐用

在拟定机械运动方案时，应适当选一些开、停、离合、正反转、刹车、手动等装置，这样可使操作方便，调整容易。为了预防机器因载荷突变造成损坏，可选用过载保护装置。

7) 具有较高的生产效率和机械效率

选用机构必须考虑到其生产效率和机械效率，这也是节约能源、提高经济效益的主要手段之一。在选用机构时，应尽量减少中间环节，即传动链要短，并且尽量少采用移动副，因为这类运动副容易发生楔紧或自锁现象。

此外，执行机构的选择要考虑到与原动机的运动方式、功率、转矩及其载荷特性能够相互匹配协调。另外，所选机构的传力特性要好，机械效率要高。例如，低效率的蜗杆机构应该少用;行星轮传动中优先采用负号机构,因为通常负号机构比正号机构效率高;增速机构一般效率较低,也应该尽量避免采用。

3. 执行机构系统布置

布置执行系统时,一般是先根据拟定的工艺要求将执行构件布置在预定的工作位置,然后布置其原动件和中间连接件。布置时应注意以下几个方面。

(1) 尽量减少构件和运动副的数目,缩小构件的几何尺寸,以减小其磨损和变形对执行机构运动精度的影响。

(2) 使原动件尽量接近执行机构。在布置相互联系型的多个执行机构时,应尽量将各原动件集中在一根或少数几根轴上。对外露的执行机构,最好将其原动件隐蔽布置,以提高操作安全性。

(3) 由于执行构件往往与作业对象直接接触,所以布置执行构件和中间连接件时,应考虑作业对象装卡和传送方便、安全。

4. 执行机构设计的过程

执行机构设计的过程与内容如图 4.3 所示。

5. 方案评价

1) 评价指标

(1) 系统功能:实现运动规律或运动轨迹、实现工艺动作的准确性。

(2) 运动性能:运转速度、行程可调性、运动精度等。

(3) 动力性能:承载能力、增力特性、传力特性、振动噪声等。

(4) 工作性能:效率高低、寿命长短、可操作性、安全性、可靠性适用范围等。

(5) 经济性:加工难易、能耗大小、制造成本等。

(6) 结构紧凑性:尺寸、重量、结构复杂性等。

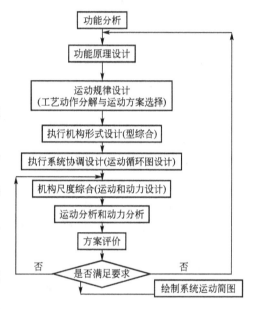

图 4.3 执行系统方案设计的流程图

2) 评价方法

针对评价目标中各个项目,选择一定的评分标准和总分计分法对方案的优劣进行评价,如图 4.4 所示。

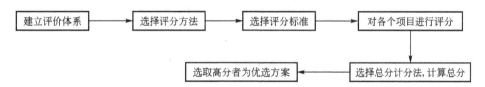

图 4.4 执行系统方案评价的流程图

4.2.4 机械产品的动力与传动设计

1. 机械产品的动力设计

机械运动方案拟定的优劣与机器能否满足预定功能要求、制造难易、成本高低、运动精度、寿命、可靠性及动力性能等密切相关。机构的选型不仅与执行构件(即机构的输出构件)的运动形式有关,而且还与机构的输入构件(主动件)有关,而主动件或原动件的运动形式则与所选的原动机类型有关。

1) 常用的原动机的输出运动形式

(1) 连续运动,如各种异步电动机、滑差电动机、直流电动机、汽油机、柴油机、液压马达、气动马达等。

(2) 往复移动,如活塞式气缸和液压缸、直线电动机等。

(3) 往复摆动,如双向电动机、摆动式液压缸或气缸等。

(4) 间歇运动,如步进电动机等。

机器中使用最广泛的是交流电动机,因此,一般输入构件的运动大多数为连续运动。

2) 动力机的选用原则

动力机的选用原则如下。

(1) 与工作现场的能源条件相适应。野外工作或者远距离移动式的产品,除电动车辆外,应选用一次动力机(汽油机、柴油机、燃气轮机等)。大多数产品选用二次动力机,其中又以电动机居多。当有高压油供给系统时,可选液压马达(液压缸)作为动力机;当有压缩空气供给系统时,可选气动马达(气缸)作为动力机。特殊条件下,可利用水力、风力、太阳能等推动相应的机械作为动力机。

(2) 与工作机械特性相匹配。主要是指由动力机-传动装置-工作机组成的系统在运行时实现以下3个目标:①动力机和工作机接近各自的最佳工况;②动力机和工作机的工作点稳定;③动力机和传动装置符合工作机的起动、制动、调速、反向、空载等方面的要求。

(3) 适应产品的工作制度。

(4) 工作可靠、操作与维修简便。

(5) 费用低廉。

(6) 动力机满足产品工作现场的特殊要求。

2. 机械产品的传动设计

1) 传动方案的选用原则

传动方案的选用是比较复杂的工作,设计者只有对传动的各种类型有广泛的了解,并掌握它们各自的特点及相互关系,才能选择出最好的方案。一般而言,选择方案的基本原则有以下9点。

(1) 综合利用各种类型的传动方式。

通常,电气传动用作动力机的驱动和控制系统;机械传动是传动装置中支撑性的部件,用于传动比确定和精度要求较高的场合;液压传动不仅担负传动功能,同时也用于实现工作机部分的执行机构;气动则多用于辅助性的传动;磁力传动多用于有阻隔要求的场合。

(2) 功率是方案选择的重要因素。

对于一些小功率传动装置，在满足工作性能的前提下应选用结构简单，初始费用低廉的方案；对于大功率传动系统，为了节能和降低成本，在选择方案时要着重考虑传动效率。

(3) 工作机的变速要求。

若动力机本身的调速性能能够适应工作机的要求，可选直联方式或固定传动比的传动装置；若动力机调速特性不能满足要求，除非工作机要求无级变速，否则应优先采用有级变速传动；要求工作机与动力机同步时，应采用无滑动的传动装置。

(4) 标准化。

应尽量选用专业厂家生产的标准部件或元件，同时应考虑所设计的产品在制造时的技术水平。

(5) 固定传动比传动。

对于固定传动比的传动应优先采用机械式传动装置，要求有：①采用尽量短的传动链；②合理安排传动机构顺序；③合理分配传动比。

(6) 有级变速传动。

变速比较频繁而且精度要求较高时，宜采用直齿圆柱齿轮变速装置，如机床主轴箱、进给箱等；变速不频繁的可采用变换齿轮的变速装置，但变速必须在停车时操作，在工作时难以自动控制；小功率的简单传动可用柔性传动带(链)和塔轮装置实现，如自行车、台钻等机械；电力传动中用变极电动机可直接得到多级输出转速，其输出特性是刚度较大；液压传动中可使用有级变速液压马达扩大传动系统的调速比。

(7) 无级变速传动。

机械、电力和流体传动等都可实现无级调速。

① 机械式无级调速传动：应用广泛，有标准化或系列化的无级变速器，适合中小功率传动，恒功率特性好。

② 电力无级调速传动：功率范围大而且容易实现自动控制和遥控，响应速度很高，但恒功率特性差。

③ 液压无级调速传动：与电力调速相比，其尺寸、质量、转动惯量等都比较小，响应速度更高，但受管路长度的影响较大，另外可能会有油液泄漏和噪声产生。

④ 气压无级调速传动：多用于小功率和防燃、防爆的场合。

(8) 按能量流动方向选择。

① 单流传动：结构相对简单、故应用广泛；但能量经过每个传动元件，所以各元件都要设计成较高的效率和较大的尺寸。

② 分流传动：工作机的执行元件较多且功率不大时，可采用一个动力机的分流传动，如普通车床。

③ 汇流传动：工作机速度低而功率大时，可采用多动力机的汇流传动，以便减少产品的整体尺寸和质量。

④ 混流传动：可以获得良好的输出特性(效率、变矩系数、调速比等)。混流传动以双流传动的应用较多，如轿车采用的液力-机械、机械-机械的双混流传动。

(9) 考虑特殊的传动要求。

① 起动：起动时有负载，而且负载转矩超过动力机起动转矩，那么必须在动力机与

传动装置之间设置离合器(或液力耦合器)。

② 制动：要求急速停车或大转动惯量的机器应设置制动装置，通常安置在传动部分或工作机部分，有时也需要在动力机部分制动。

③ 逆向：优先考虑利用动力机本身的反转功能，其次考虑在传动装置中设置反向机构。

④ 过载：载荷变化频繁、幅度较大，容易产生过载而工作机部分又无过载保护时，传动系统中应设过载保护装置。其安装位置应以能保护多数重要零部件不受损坏为原则。

⑤ 空挡与空载：如果动力机不能适应工作机的起动、停车、变速等要求时，应在变速装置中设置空挡；对于可能因空载而导致动力机升速甚至"飞车"的系统，应在动力机部分设置极限调速装置。

2) 传动设计的步骤

传动设计没有固定的步骤，大致需要经过下列几个步骤。

(1) 初选方案：根据总体设计中选定的方案初选传动方案；即使是同一种工作原理，也可以拟订出几种不同的传动方案。

(2) 确定各执行构件的运动参数和生产阻力。

(3) 选择动力机。

(4) 绘制传动系统示意图：根据有关简化画法的规定绘制。

(5) 运动学计算：确定各传动构件的运动参数和几何参数。

(6) 承载能力计算：各部件的受力、强度、刚度计算。

(7) 动力学计算：具有非匀速转动机构或者速度较高的传动系统应进行动力学计算，以及确定是否需要安装动力平衡装置。精确的核算须待结构设计确定之后进行。

(8) 绘制工程图：包括总装图、部件图和零件图。绘图之前要进行的结构设计将在后面详述。

3) 传动设计的注意事项

传动设计的注意事项如下。

(1) 工作循环图：具有多个执行机构的产品(如自动机类)各执行部件运动时间有先后之分，工作位置要相互协调，设计传动系统必须遵循工作循环图进行。

(2) 传动的匹配主要有以下几种。

① 固定传动比的传动，通常都具有透穿性(即动力机工作特性曲线与传动部分的工作特性曲线形状相似)，应注意使其工作点具有稳定性(即受干扰后新工作点距离原工作点不远)。

② 有级变速传动，要求变速而动力机又不能调速时采用有级变速传动。其各级传动比通常按等比数列选取，传动比最大的一级装在速度最低的一端，但蜗杆传动通常布置在高速端。

③ 机械式无级变速传动，其输出特性受到较大限制。若其输出的转速和转矩不能满足工作机的要求，可在无级变速传动的输入端增加固定传动比传动装置以降低其输入速度，在无级变速传动的输出端增加固定传动比传动装置以增大输出转矩。

④ 泵控液压无级变速传动，如由动力机、变量泵和定量液压马达组成的系统，也具有透穿性。其动力机应选用输出刚度高的类型，而且动力机、变量泵和液压马达都要保证工作机所需的最大功率。

⑤ 阀控液压无级变速传动,如由动力机、定量泵、节流阀、液压马达组成的系统,无透穿性。定量泵的输出流量应大于液压马达所需的最大流量,定量泵的输出压力稳定并与液压马达的最高压力相适应。动力机和液压泵的功率应按流量与压力计算,并考虑各自的效率值。液压马达的额定功率则应与液压泵相适应。该系统的工作机工作点应靠近但不超过液压马达最大输出转矩的2/3处。

以上只列举一些典型传动的匹配要点。学生在毕业设计时,应按照指导教师的要求,考虑传动匹配的具体内容。

(3) 传动效率:对于大功率的机械产品,传动效率指标更加重要。效率要受很多因素的影响,难以精确计算,通常是估算或实测。功率损失通常都转化为热,因此要考虑散热装置。提高传动效率的途径有:①缩短传动路线,减少消极约束;②动力-传动系统与辅助系统分开;③若非单流传动,应合理分配各传动路线的功率;④合理润滑;⑤保证制造与安装的精度。

(4) 振动:应尽量减少振动,尤其是高速机械,以振动原理工作的产品除外。要防止共振。防止共振的途径有:①改变部件的质量和刚度,即改变临界转速;②改变工作转速。

(5) 操纵与控制:传动系统的操纵与控制装置种类繁多,简单的有人工操纵,复杂的有自动控制系统。工作机工况多变、操纵控制的动作无规律而且操作频率不高时,可采用人工操纵装置;反之应采用自动控制,如精度要求较高,宜采用闭环自动控制。

人工操纵多用机械式,如连杆机构、凸轮机构等,必要时可附加助力器以降低操作强度。自动控制应使其动态性能符合工作要求。

应用案例4-2

下面是某高校机械工程与自动化专业某学生在其毕业设计中设计的一种新型逆滚动螺旋舵机机构,其驱动简图如图4.5所示。

分析:当油缸进油后,推动螺杆轴向移动,带动螺旋套输出转动。由左、右止推轴承限制花键套、螺旋套的轴向移动,由花键副将反作用力矩传给机体,使活塞杆不受力矩的作用。如果螺旋升角大于45°,则属于增力传动,它所产生的力矩很大。与其他传动比较,作为行星轮系的齿圈,只有几个齿接触,即几个齿受力;摆线针轮传动,也只有近半圈齿受力;谐波齿轮传动,也只有半圈齿受力;而此机构的螺旋副,全圆周都在传力,而且呈纯力偶、纯滚动传动,故在同样直径时,能传递的扭矩最大。本机构的优点有机构的零件数少,较现有的各种机构均简单,加工容易;由于径向只有两层套,因此直径很小;由于机构直接将直线运动转换为旋转运动,故传动链很短,力矩大,传动效率很高。

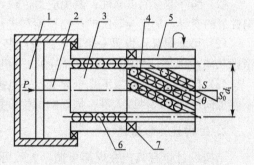

图4.5 逆滚动螺旋舵机机构驱动简图
1—油缸 2—活塞杆 3—螺杆
4—滚珠直旋副 5—螺旋套输出组件
6—滚珠花键副 7—止推副

4.2.5 机械产品的结构设计

机械产品结构设计的任务是将总体设计中的方案进行结构化,即确定为实现产品的功能要求所需的部件和零件的材料、形状、尺寸、精度、布局以及加工方法等。

结构设计包含两个方面的工作,即"质"的设计和"量"的设计。考虑到学生在写毕业论文之前的课程中已掌握了较多的"量"的设计的知识和技能,此处着重讲述结构方案设计。

在结构设计过程中,有时不得不修改原定的方案,结构设计和各项计算往往要交替进行。

1. 结构设计原则

1) 确定性原则

(1) 功能分配确定:每个结构承担一个或几个局部功能,每个局部功能都由一个或几个结构承担,不遗漏也不冗余。

(2) 工作原理确定:结构设计应保证能量流、力流、物料流、信号流的正确走向和转变,同时要考虑工作原理可能产生的物理效应,尽量避免意外情况发生,如热效应引起的热应力过载,变形增大引起的定位不准等。

(3) 工况及载荷确定:若因缺少工况和载荷的明确资料而不得不先做一些假设,则应注意随时检查假设的正确性,并校核稳定性和共振等。

材料选择和尺寸计算应根据载荷谱和载荷类型、大小及其作用时间来确定,不可盲目选用安全系数或采取多重保险措施。例如:轴与轮毂之间若已采用了过盈连接,那么附加的平键只起周向定位作用,就不必按承载键计算。

(4) 其他:技术条件、检验、使用、保养乃至运输安装等涉及结构设计的各方面要求均应在工程图纸或说明书中明确表示。

2) 简单性原则

此处所谓简单,包涵简化、简明、简要、简易、简便、简捷、减少等多种意义,主要要求有:①零部件数目少;②工作面的数目少;③几何形状简单;④操纵简便;⑤制造容易;⑥检测容易;⑦安装与调整简捷等。

3) 安全可靠的原则

(1) 部件本身的可靠性:避免应力过载,防止脆性断裂,材料应具有一定韧性,考虑材料性能的变异、加工与装配的严格检验和进行过载试验等均是保证部件本身可靠性的途径。

(2) 冗余配置:设置一个以上的安全装置,如摩擦离合器和安全销。冗余配置也可以考虑功能性部件,如汽车的备用轮胎、飞机的副油箱等。

(3) 有限损坏:指以下几个含义,一旦损坏,易于察觉,也便于修复;损坏的功能部件不能再伤及其他部件或人身;损坏的部位设置在能保护大多数部件乃至整机功能的位置。

2. 结构设计的原理

结构设计也有其内在规律可循,大致可归纳为以下 8 条一般性原理。

1) 结构演变的原理

任何零件、部件或机器的结构方案都由 5 个基本要素组成。这些要素是结构的形状、数目、位置、尺寸、连接。要改换结构方案,必须改变这些要素。掌握这些要素的变化规律,就可以由一种方案演变出多种方案。

(1) 形状的变换:设计中的形状要素,绝大多数由规则表面组成(平面、圆柱面、球面、圆锥面等),如阀门阀芯有球面、圆锥面、平面等演变形式;滚动轴承由球形、圆柱形、圆锥形等不同滚动元件构成多种轴承类型等。

(2) 位置的变换:位置变换有平移、旋转、平移加旋转等演变方式,如齿轮设在轴的中部或是轴的端部;位置变换也常在部件、整机的总体方案设计中使用,如多缸发动机有直线排列、V形排列、相对排列等。

(3) 数目的变换:如改变螺旋传动的头数,增减螺栓连接中螺栓的个数,压榨装置中压榨辘的个数等。

(4) 尺寸的变化:尺寸变化可以是连续的,但由于机械设计的标准化要求,实际使用时尺寸又常常是间断变化的。尺寸不仅是指长度、面积、体积,也包含角度等几何量。

(5) 连接的变换:这里的连接是指相互位置或相对运动的约束形式,分为静连接和动连接。静连接有依靠力的连接(如螺栓连接的压力和摩擦力、过盈配合的摩擦力)、依靠形状的连接(如T形槽、定位销)和依靠材料的连接(焊接、粘接)等不同形式;动连接可根据运动形式(平动、转动、平面复合运动、空间运动)或摩擦性质不同(滑动摩擦、滚动摩擦或混合摩擦)而有多种形式。

2) 合理力流的原理

(1) 力在部件中倾向于沿最短路线传递,因此力流密度小或没有力流通过的部位,可适当削减该部位的尺寸。

(2) 对称的结构比非对称结构更有利于力流密度均匀分布。

(3) 按力流最短原理设计的部件对强度、刚度有利;但若有意利用变形和弹性,则应使力流路线加长,以减少部件的刚度。

(4) 使力流转向平缓,密度变化小,有利于减少应力集中。因此应该避免截面面积突变,必要时可加大圆角半径,开设圆孔、圆槽等。

(5) 承受转矩的部件,宜采用封闭形截面,尽量避免局部开口。

3) 等强度的原理

材料力学、机械设计等课程里广泛使用等强度的原理,即应使零件各部位的寿命大致相等。

4) 变形协调的原理

两个相连的零件因各自受力不同,常常导致在连接面处各自的变形也不同,这种相对变形又引起应力集中,所以应设法减小相对变形。例如,在轴与轮毂、重要的螺栓连接等处应考虑变形协调。

5) 无功力的平衡原理

惯性力、斜齿轮轴向分力等都是与有效功无关的力,称为无功力。结构设计时应设法在其产生之处就地平衡掉,不使它传递到其他部位。采用设置平衡部件、对称布置等方法可以有效克服无功力的不利影响。

6) 功能合理分配的原理

如果一个零件同时承担几种功能容易产生过载时,应改用不同零件分别承担。例如,汽车后桥承受弯矩而由半轴承受转矩,受横向载荷的螺栓连接增加抗剪套筒,齿链式无级变速器中增加行星齿轮传动以便分流大部分功率等。

同一功能导致结构尺寸过大时,可把功能平均分配给若干相同的部件完成,如多根V带传动、多排链传动等。平均分配的关键是分配要均匀,严格控制制造误差是保证功能分配均匀的重要条件。

7) 自我补偿的原理

自我补偿的形式有自增强(或自减弱)、自平衡、自保护等。

(1) 自增强：例如，当容器内压力增高而使泄漏危险增大时，内压力也应该使密封装置的功能部件(如密封圈)的接触压力相应提高，增强密封效果。

(2) 自平衡：例如，预先施加外力，使部件有初应力(如压应力)，当部件工作时与工作应力(拉应力)相抵消。

(3) 自保护：常常采用在过载荷情况下另辟力流传递通道的原理，例如弹性联轴器。摩擦传动本身就具备过载自保护的功能。

8) 稳定性的原理

结构设计时，有些是要求系统处于稳定状态，而另有一些场合则利用不稳定状态实现某些功能。

3. 结构设计的步骤

结构设计的步骤也并无固定模式，大体分为3个步骤：初步设计、详细设计、完善设计。

1) 初步设计

(1) 明确约束条件。

分析和归纳设计要求明细表，同结构设计有关的设计要求可分为3类：同结构尺寸有关的有功率、生产能力、空间限制、外部和内部的连接尺寸、操作高度、距离等；同结构配置有关的有物料流动方向、部件运动方向、运动的极限位置等；同部件材料有关的有使用寿命、工作环境、工作用的物料和辅料等。

(2) 主功能部件的初步设计。

确定主功能和主功能部件。主功能可能不止一个，一个主功能也可能由几个部件组合实现。初步确定主要工作面的形状和尺寸。按比例绘制主要结构的草图，图中应包括基本形状、主要尺寸、运动的极限位置、连接尺寸等。由于主功能部件的方案不唯一，应从中优选一个，以便在详细设计中使用。

(3) 副功能部件的初步设计。

轴的固定、轴承密封、齿轮的润滑等保证主功能部件正常工作的结构，即副功能部件。副功能部件初步设计应尽量使用现有结构，可从设计手册、设计目录或者样机图纸中直接选用。副功能部件一般较少进行方案设计。

2) 详细设计

(1) 主功能部件详细设计。

详细设计时应遵循结构设计基本原则，同时要依照标准和规范、精确计算或模拟实验的结果，完成细部设计。要着重考虑部件的制造工艺性，包括尺寸链校核、公差和精度分析等。要注意满足副功能部件的要求。

(2) 完善结构草图。

主功能部件的细部结构要画入草图，副功能部件及其细部结构也画入草图，标出外购件、标准件。

(3) 审核结构草图。

审核结构草图应由学生自审，指导教师主审。审核可以根据约束条件，使用设问法。如有失误，应在草图阶段修正和完善。

(4) 评价并选定结构草图方案。

评价使用技术经济评价方法。

3) 完善设计

拆分出部件草图与零件草图,检查零件的材料、形状、尺寸、技术要求与标准、绘制装配图、绘制零件图、编写设计说明书。

4. 结构设计的内容

1) 选定结构方案

把总体设计和传动设计的方案转化为具体的机械结构。

2) 绘制工程图

工程图包括装配图和零件图。要确定各个部件的材料、形状、尺寸,其间还要进行运动学和动力学的计算,并要运用机械制造的知识充分考虑零部件的工艺性。

5. 结构设计的注意事项

结构设计时的注意事项如下。

(1) 注意机械机构和功能结构的对应关系。

(2) 防止遗漏那些实现局部功能的结构设计。

(3) 实现结构设计的优化。

(4) 掌握循序渐进和反复修改的关系。

(5) 比前几个设计阶段更加重视工艺性。

(6) 结构草图的繁简程度和取舍内容应以能够进行比较和评价为原则。

应用案例4-3

下面是某高校机械工程与自动化专业某学生在其毕业设计中设计的一种新的逆滚动螺旋舵机,其结构简图如图4.6所示。

分析:滚动花键副包括花键套6、花键轴7和花键槽内的滚珠9,其中滚珠还位于花键同步套8的孔中。带孔的花键同步套8保证滚珠运动的同步,使滚珠在各自的槽内完成有序的前进和后退,设计时使滚珠刚好移动到本副的两个端面,从而省去了复杂的回珠机构。当油缸进油后,由活塞杆推动花键轴7轴向移动,花键轴7由直花键段和螺旋段组成,花键套6固定在缸体上,保持不动。因此,滚动花键副的作用是使花键轴7只能作轴向移动,不能转动。

止推轴承副由花键套、螺旋套和滚珠构成,以花键套6兼作止推轴承副的内环,在外环即螺旋套上具有用来装入及取出钢球的径向孔,钢球装满后,由销子锁定。止推副的作用是承受、传递轴向载荷,连接直花键副外套6和螺旋套11,保证两者无轴向相对运动,同时又保证两者相互地自由转动。

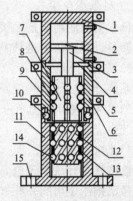

图4.6 逆滚动螺旋舵机结构简图

1—油缸 2—活塞 3—活塞杆
4—缸盖 5—耳片 6—花键套
7—花键轴 8—花键同步套
9—滚珠 10—止推轴承
11—螺旋套 12—螺旋轴
13—螺旋同步套 14—滚珠
15—舵叶联结孔

滚动螺旋副包括螺旋套11、螺旋轴12及位于螺旋槽内的滚珠14，其中滚珠还位于螺旋同步套13的孔中。当螺旋轴12轴向运动时，通过滚珠推动螺旋套11转动，由螺旋套11经螺栓联结孔15输出转动到舵叶，其作用是将直线运动转换为旋转运动。滚动花键副和滚动螺旋副有同样的直径，使不同螺旋角的各段杆可以在一定范围内互相进入。各副的同步套有同样的直径，工作时可以互相进入。

这种新型舵机操作系统的特点是把整个动力源及传动机构均布置在上舵杆内，上舵杆的外套通过耳片5固定在船体上。当电磁阀作用时，液压缸的活塞杆3作上下运动，带动上舵杆的螺旋副套作往复摆动。螺旋副的往复摆动带动舵叶转动，完成操舵动作。由图可看出，整个机构外形为圆柱形，全部机构布置在上舵杆内，故整个机构结构简单、紧凑，不另占空间。机构为纯滚动传动，因而效率很高。

4.2.6 机械现代设计方法

1. 现代设计方法概述

机械现代设计方法是一个广义的综合的概念，包含了近年来出现的现代设计方法学和所有用于机械产品设计的相关的理论和方法。其具有以下几方面的特点：理论性、创造性、广义性、优越性、扩展性、设计计算机化和设计信息化。

现代设计方法很多，实际应用时，在各个具体的设计阶段，应对不同的零部件采用一种或几种适当的设计方法。在机械设计中采用的现代设计方法有以下几种。

1) 技术预测法

技术预测法用于产品设计之初，根据已知数据资料预测产品的发展趋势。

2) 科学类比法

科学类比法用于技术预测并决策之后，收集相关产品及其信息，取得产品可以借鉴的数据资料。样机仿制是其中的一种初级形式。

3) 系统分析法

系统分析法是系统工程在机械设计中的应用。在科学类比之后对产品综合分析，确定系统的输入、输出及其在子系统中的转换。该方法的关键是适当的分析与分解。该方法在大系统中应用较多。

4) 创造性设计法

创造性设计法的理论尚不成熟，具体方法尚不十分明确，其主要是根据创造性方法学十二条法则派生出的一些方法。该方法主要用于方案的构思阶段，也可贯穿于涉及的各个阶段。

5) 逻辑设计法

逻辑设计法指通过逻辑分析与逻辑运算，确定产品各个组成部分的相互依存和相互制约的关系。传统设计中已经自觉或不自觉地运用该方法，只是未上升到理论的高度。该方法大多是在总体设计中应用。

6) 信号分析法

取得设计的原始参数时应用信号分析法。机械设计的信号分析有幅值概率分析、方差分析、相关分析、谱分析、传递函数分析和状态方程分析等。

7) 相似设计法

相似设计法属于科学类比法。该方法可省略严格的数学推导和求解，直接运用量纲齐次原理等，根据样机或模型求得新产品的参数、公式、数学模型和动态响应等。该方法比较适用于同类产品的设计，可节约时间。

8) 模拟设计法

模拟设计法是指利用异类事物之间的相似性进行设计的高级方法，它可以用于工作原理探索、方案设计、结构设计等各个阶段，有符号模拟、实物模拟、模拟式计算机模拟、数字式计算机仿真等形式。

9) 优化设计法

优化是现代设计追求的目标。机械优化设计是利用数学规划原理和电子计算机，对设计参数进行优化计算。对于不能以数学模型表示的目标和参数，优化设计法还不能完全代替人的创造性和经验。

机械优化设计中使用的优化法有很多类型：对于有约束问题可分为直接解法和间接解法两大类；对于无约束问题，也有直接法和间接法之分。结构和零件的优化设计已有几十年的历史。至于系统的优化、方案设计的优化等尚不成熟。

10) 有限元分析

有限元分析也是个广义的概念，包括有限差分法、有限元法、边界元法。有限元分析在机械设计中主要用于部件的强度计算等涉及"物理场"的高精度计算。有限元分析方法已比较成熟，并在不断发展。有限元分析要借助于电子计算机才能有效地使用。

11) 可靠性设计方法

可靠性设计方法又称概率设计法，20世纪60年代概率统计的方法进入机械设计领域，使机械设计发生了深刻变化，它把传统设计中涉及的变量（载荷、应力、变形、强度、刚度等）均当作随机变量来处理，用概率统计的方法进行设计计算，得出更符合实际的设计结果。

12) 动态设计法

动态不是通常所说的运动状态，而是指由一个稳定（稳定状态）过渡到另一个稳定的过程。机器不仅受正常信号的作用，也经常受干扰信号的作用，因此设计时必须考虑动态，一些设计参数必须从动态得出。

动态设计法根据系统的传递函数、传递矩阵、状态方程等分析输入/输出信号的定性和定量特征，求得系统及其零部件的各项设计参数，满足稳定性、准确性和响应速度的要求。动态设计法适合在动特性要求较高的机械部件设计中使用。

13) 模糊设计法

这种方法不必对系统进行精确的数学分析，而是根据不确定的、带模糊性质的经验来确定设计参数。其中模糊优化设计是研究较多的一种方法，已经在机械结构设计中取得可喜的成果。

优化设计中包含有设计变量、约束条件、目标函数三大因素，其中只要有一个因素是模糊的，即称为模糊优化问题。模糊设计法主要用于确定那些模糊性参数和进行综合评价。

14) 三次设计法

这是一种取得巨大成就的优化设计方法，由日本的田口玄一创立。该方法将新产品设计分为3个阶段：系统设计（提出初方案）阶段，参数设计（寻求参数最佳匹配、提高产品性能的稳定性）阶段，容差设计（对关键部件给予适当的容差范围，仍保证产品的整机性能）阶段。该方法可实现用廉价的、不是最高质量的零部件（元器件）组装出质量高、成本低、性能稳定的产品。该方法的基本思想是使用正交试验表安排出各种可行方案，然后优选。

15）人-机工程设计法

人-机工程设计法又称宜人设计法、技术美学设计法等。尽管它尚不十分成熟，但仍然可以应用其基本原则指导学生的毕业设计，特别是在结构设计中对操纵和控制系统进行造型与环境设计。

16）计算机辅助设计

在工程和产品设计中，计算机可以帮助设计人员担负计算、信息存储和制图等工作。在设计中通常要用计算机对不同方案进行大量的计算、分析和比较，以决定最优方案；各种设计信息，不论是数字的、文字的或图形的，都能存放在计算机的内存或外存里，并能快速地检索；设计人员通常用草图开始设计，将草图变为工作图的繁重工作可以交给计算机完成；由计算机自动产生的设计结果，可以快速作出图形显示出来，使设计人员及时对设计做出判断和修改；利用计算机可以进行与图形的编辑、放大、缩小、平移和旋转等有关的图形数据加工工作。CAD能够减轻设计人员的劳动，缩短设计周期和提高设计质量。

毕业设计中，可以利用CAD进行的工作有以下几类。

（1）有限元设计计算：包括划分有限单元网格等预处理和显示部件受力后的应力分布图等后处理。目前国内高校已有合适的软件系统可供毕业设计选用。

（2）优化设计计算：机械的重要零件、减速器、变速箱、执行机构等优化设计均可以作为学生毕业设计题目的一部分或者全部而利用CAD技术。

（3）其他计算类题目：常用机械零部件的选用和设计计算，专用零部件的设计计算，以及一切可以上机计算的毕业设计题目都可以应用已有的软件程序包。

（4）计算机绘图：除一般设计计算软件包中集成的绘图功能外，更多的是使用通用图形编辑软件，如在我国流行的AutoCAD等，也可用在毕业设计中绘制工程图。

（5）CAD/CAM：有条件的学校，也可以使用集成系统输出零件的数控机床加工信息。

（6）造型设计：利用AutoCAD等软件系统进行机械产品的造型设计，也可以作为毕业设计题目的部分内容。

2. 现代设计方法的选择

在某一个设计阶段或设计某个特定的系统（部件或零件）时，也需要优选一种或几种设计方法，这也是广义优化概念中的一个重要思想。

现代设计方法种类繁多，一种方法不能解决设计中的所有问题，一个设计问题也并非只有一种解决方法。即使是很成熟的设计方法，也只有在某个阶段、某个领域内比较有效，更何况有些现代设计方法本身尚不成熟。所以，设计方法的选择本身也是十分重要的。

学生在毕业设计中，较早地接触现代设计方法，把具体的毕业设计实践和现代设计的理论联系起来，将大大提高学生的创造能力。

学生应当充分了解现代设计方法的适用范围，才能在设计过程中优选并灵活运用。上述十多种设计方法中,系统分析法适用于大系统和开发性设计的方案设计阶段,动态设计法适用于动特性要求较高的部件或系统,相似设计法适用于有优良的同类产品可作参照的场合,模糊设计适用于某些过程和参数不太明确的场合,可靠性设计适用于使用寿命期间对功能稳定性有较高要求的部位和系统,有限元分析法适用于结构与场域的高精度计算,优化设计适用于数学模型明确的关键零部件,等等。

下面是某大学机械工程与自动化专业某学生在其毕业设计中设计的一种新的逆滚动螺旋机构,该设计中运用了机械现代设计方法如下所列。

(1) 利用三维软件 Pro/Engineer 创建舵机各零件图,并将各零件进行虚拟装配,如图4.7所示。

(2) 基于 ADAMS 的舵机虚拟样机动力学仿真

运用 ADAMS 分析软件,将中将舵机虚拟样机进行动力学仿真,对虚拟模型进行添加约束、定义接触、添加驱动和施加载荷,分析如图4.8所示。

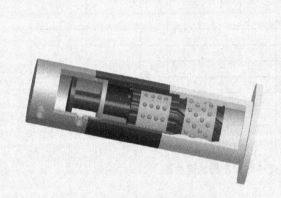

图 4.7 舵机虚拟样机的装配图　　　　图 4.8 虚拟样机仿真模型

(3) 舵机虚拟样机动力学仿真结果分析

从螺杆和螺旋同步套的轴向位移图及轴向速度图可以看出,随着活塞的移动,螺杆的位移及速度始终是螺旋同步套的2倍,也即是滚珠中心位移及速度的2倍,这与前述确定机构长度的理论分析完全吻合,如图4.9及图4.10所示。

由图4.11可以看出,当活塞移动至油缸端部时,舵机螺旋套带动舵叶转动的最大输出转角为36°,由此可保证舵机最大转角±35°的稳定输出。

在螺杆上的轴向输入力如图4.12所示,在很短的时间内便可达到最大值,然后持续最大输入力到最后,从而具有很好的力输入稳定性。

由螺杆上的轴向力经螺旋副传至舵机螺旋套上的输出力矩如图4.13所示,其中最大输出力矩大致为 $9.7 \times 10^7 \mathrm{N \cdot mm}$,与上述静力学理论计算的结果基本相等,可见,舵机的动力输出完全符合设计要求。

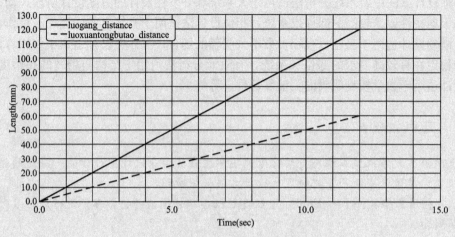

图 4.9　螺杆和同步套的位移图

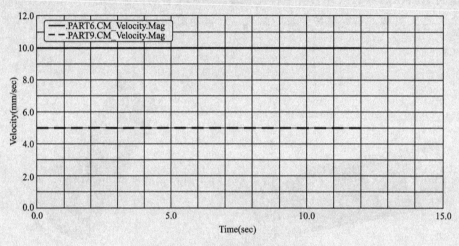

图 4.10　螺杆和同步套的速度图

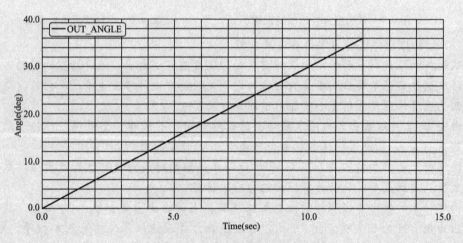

图 4.11　螺旋套的输出角度

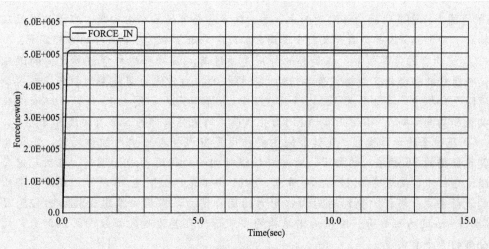

图 4.12　螺杆上输入力图

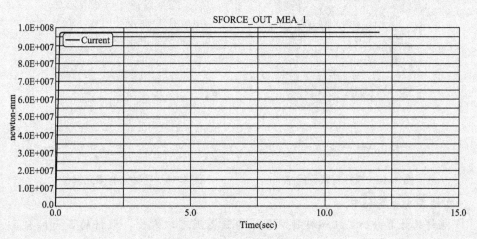

图 4.13　螺旋套上输出力矩图

(4) 有限元法分析：本文采用三维建模软件 Pro/Engineer 对舵机关键零件螺杆、花键套和螺旋套进行建模，然后将三维实体造型文件导入 Ansys 软件。

① 螺杆的计算模型：螺杆的作用是在活塞的推动下在结构内腔作直线运动，通过它的螺旋槽与螺旋套的相互作用，将自身的直线运动转化为螺旋套的旋转运动。在对螺杆的有限元分析过程中，采用四面体实体单元，共分为 29674 个节点，20583 个单元，如图 4.14 所示。按照螺杆运动时受力的实际情况，其左端花键槽部分受到 56 颗滚珠的周向限制作用，同时也限制了其径向位移，因此，在这 56 点添加其径向和轴向的移动约束及绕轴向的转动约束。而在螺杆的左端面，因为和活塞连接螺纹相互作用，因此左面受圆螺母作用的端面及内螺纹面（计算模型将其简化成直

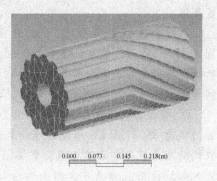

图 4.14　螺旋套有限元网格

旋面)也添加限制其沿轴向移动的约束,总共约束其全部的6个自由度。在左端螺纹底面加轴向 $f_a=515462$N 的力载荷及整个圆周面加周向力矩 $T=97220$N·m 的力矩载荷。

② 螺旋套的计算模型:螺旋套的作用是通过其螺旋槽和螺杆螺旋槽之间的滚珠作用,将螺杆的移动转变为螺旋套的转动,将螺杆的推力转化为螺旋套的扭矩。在螺旋套的有限元分析中,共划分为15549个节点,8373个单元,如图4.15所示。环面螺纹滚道共施加周向力矩 $T=97220$N·m 的力矩载荷,约束其全部的6个自由度。

③ 花键套的计算模型:花键套的主要作用是当螺杆在结构内腔移动时,花键套通过其花键槽的56颗滚珠的作用,对螺杆的绕轴向的旋转运动进行限制。在对花键套的有限元分析中,共划分为12871个节点,6991个单元,如图4.16所示。而花键套所受到的载荷主要是螺杆所受到的周向作用力的反作用力,在周向滚道面施加力矩为 $T=97220$N·m 的力矩载荷。按照总体结构的安装情况在其左端的螺纹面添加约束,约束其全部的6个自由度。

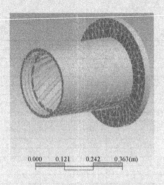 

图4.15 螺杆有限元网格　　图4.16 花键套有限元网格

计算结果及分析如下。

① 螺杆的计算分析:从螺杆的综合应力云图上可以看出,螺杆的最大综合应力为148MPa,最大应力出现在螺杆螺旋滚道端的滚珠与螺杆滚道接触点处,如图4.17(a)所示,但是该应力值并非滚珠与螺杆接触点的实际应力值,这是由于不论是加载还是约束,都被视为集中载荷或点约束,这些地方必然存在应力集中,而实际情况中应该是处于椭圆面接触状态,因此,用接触应力计算方法得出的应力值,才是这些地方的实际应力值。而螺杆的其他部位,应力值在17.8~131.8MPa,对于材料20Cr2Ni4A而言,强度足够。

从综合位移等值线图可以看出,位移最大的部分是螺杆的螺旋槽部分,如图4.17(b)所示,最大位移量为0.0543mm。而从螺杆切向位移等值线图,如图4.17(c)所示,可以看出,螺杆螺旋槽部分由于受到滚珠的切向推力而发生了切向位移,切向位移量最大为0.0541mm,可见,这是螺杆综合位移的主要组成分量。

② 螺旋套的计算分析:从螺旋套综合应力云图可以看出,如图4.18(a)所示,最大应力值为86.31MPa,出现在螺旋滚道右端的滚珠与螺套滚道接触点处。同样对于接触点处的应力值并非滚珠与螺旋套接触点的实际应力值,这是由于加载方式为集中载荷,因此必然存在应力集中。其他部分的应力值在9.6~76.72MPa之间变化。对于材料GCr9,强度足够。

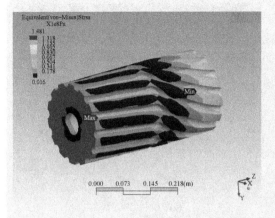

(a) 应力等值线图

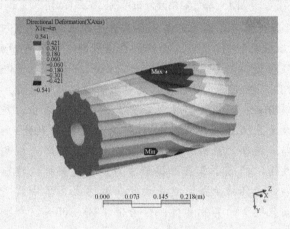

(b) 综合位移等值线图

(c) 切向位移等值线图

图 4.17　螺杆分析可视化结果

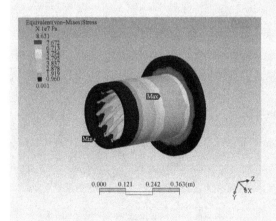

(a) 应力等值线图

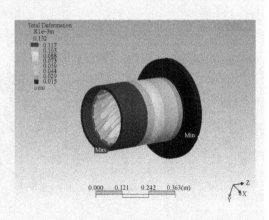

(b) 综合位移等值线图

图 4.18　螺旋套分析可视化结果

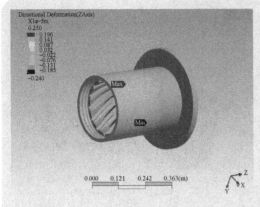 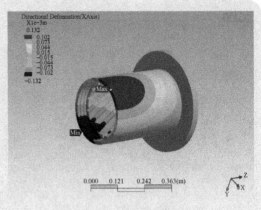

(c) 轴向位移等值线图　　　　　　　(d) 切向位移等值线图

图 4.18　螺旋套分析可视化结果(续)

从螺旋套综合位移云图可以看出，最大位移是左端滚珠轴承外套部分，最大综合位移值为 0.132mm，如图 4.18(b)所示。由此，在设计时，可适当增加该外套的厚度以增加强度。最大轴向位移值为 0.0025mm，最大切向位移量为 0.132mm，如图 4.18(c)和 4.18(d)所示。可见，螺旋套综合位移的主要由切向位移量组成。

③ 花键套的计算分析：从花键套综合应力云图上可以看出，花键套的最大综合应力为 250.36MPa，最大应力出现在止推轴承副两面槽接触点处，如图 4.19(a)所示。该最大应力较螺杆与螺旋套的最大应力大很多，可见该处即为机构的最薄弱环节，在结构设计时应加以改进，以减小其最大接触应力。但是同样该接触点处的应力值并非滚珠与花键套接触点的实际应力值，这是由于加载方式为集中载荷，因此这些地方必然存在应力集中。而花键套的其他部位，应力值在 28.065～222.58MPa 之间，应力也较大。

从综合位移等值线图可以看出，花键套与螺旋套连接端由于承受轴承传递的轴向载荷，其止推滚珠槽的内边处位移最大，如图 4.19(b)所示，最大位移量为 0.0577mm。

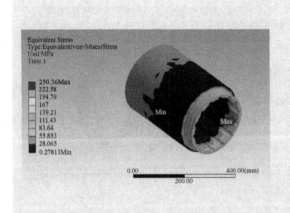 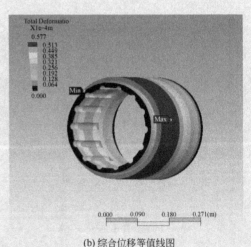

(a) 应力等值线图　　　　　　　　(b) 综合位移等值线图

图 4.19　花键套分析可视化结果

(5) 综合分析结论：通过对整个结构的有限元分析，表明整个结构及各主要零件完全能够承受设计载荷，各个零件在强度以及刚度方面均能满足设计要求。但是，由于止推轴承副内外套在两面都有滚道处的壁厚只有 3mm，其位移较其他零件大，故应将其壁厚适当增厚，增加其刚性，以尽量与其他零件的变形协调一致。

分析：本文运用了有限元分析、三维建模、运动学和动力学仿真分析等机械现代设计方法对逆滚动螺旋舵机结构进行设计。对舵机动力学特性进行了研究，为舵机设计和工程分析提供依据，同时通过虚拟样机分析软件 ADAMS 建立虚拟样机，进行运动学和动力学仿真分析，研究动态运动过程中的各构件位置、速度、加速度及所受的外力。同时证明前面章节设计计算的正确性，并为后续章节的有限元分析提供依据。对关键零部件进行了有限元分析；对滚动螺旋副，止推副进行了滚动接触计算分析；计算表明舵机主要零部件完全能承受设计载荷，滚珠与螺旋套、螺旋轴、花键套等不会发生过大的塑性变形而导致失效。学生在毕业设计中，较早地接触现代设计方法，把具体的毕业设计实践和现代设计的理论联系起来，将大大提高学生的创造能力。

第 5 章 机械制造类毕业设计

5.1 设计内容和要求

机械制造类毕业设计的内容大体可分为 3 类：机械加工工艺与设备设计、机械制造中的工程技术实验研究、机械制造中的软件设计。现对 3 类的内容与要求简述如下。

5.1.1 机械加工工艺与设备设计

课题应尽量来源于生产实践，并以中等复杂程度的零件和机械产品的工艺与设备设计为主。若为复杂的零件和机械产品，可由数个学生分工合作完成。

1. 内容

机械加工工艺与设备设计包括：机械加工工艺过程设计、铸造工艺过程设计、锻造工艺过程设计、焊接工艺过程设计、热处理工艺过程设计、装配工艺过程和工艺装备设计（包括刀具、夹具、量具、辅具设计），以及专用机床和专用设备设计。

2. 要求

(1) 毕业实习或调查研究应到生产现场去了解实况（存在问题和工厂的要求）；应收集国内外有关情报资料，查阅文献资料 15 篇以上，翻译外文资料 5000 字以上。

(2) 绘制工程结构图，不少于折合成 A0 图纸 3 张。

(3) 在分析、计算、选择和设计的基础上，撰写设计说明书 20000 字以上。

(4) 有条件的学校应运用计算机辅助设计、计算与绘图等，可占总工作量的 1/5~1/3。

以下给出一些机械加工工艺与设备设计等相关的题名供参考。

(1) 花键轴加工工艺及工艺装备设计。

(2) 连杆零件加工工艺规程及专用钻床夹具的设计。

(3) 齿轮泵泵体工艺及加工 $\Phi 14$、$2-M8$ 孔夹具设计。

(4) 胎帽凸模的数控加工。
(5) 在滚齿机上实现内齿轮加工的工装设计。
(6) 典型凸轮零件的加工工艺分析与数控编程。
(7) DT005 刀台体的数控加工工艺方案。
(8) 活塞结构设计与工艺设计。
(9) 典型零件的加工艺分析及工装夹具设计。
(10) 连杆体的机械加工工艺规程的编制。

5.1.2 机械制造中的工程技术实验研究

工程技术实验研究课题包括应用研究和实验开发研究。一个课题可由一个或数个学生完成，也可由数个学生采用不同的研究方案完成。

1. 内容

此类课题应根据给定条件与要求，对课题进行分析研究，提出设计合理、可行的研究方案，选择和设计实验研究装置。经大量的实验研究，对取得的数据进行处理，以求得准确、可靠、有参考价值的结论。

2. 要求

(1) 调查研究或毕业实习。到厂矿、研究单位去调研，到图书馆、情报所、专利局等去收集查阅资料。查阅文献资料 15 篇以上，翻译外文资料 5000 字以上。

(2) 设计和选择实验研究方案、实验设备和装置。设计与绘制工程图折合成 A0 图纸一张以上。

(3) 处理与分析实验研究数据，以获得正确、可靠的结论或图表曲线，并撰写论文 20000 字以上。

(4) 有条件的学校应运用计算机计算、处理实验研究的数据。

以下给出一些机械制造中的工程技术试验研究相关的题名供参考。
(1) 花生脱壳机的实验研究。
(2) CD4MCu 摩擦磨损性能的研究。
(3) 液压控制阀的理论研究与设计。
(4) 2Cr13 摩擦磨损性能的工艺研究。
(5) 茶树重修剪机的开发研究。
(6) 汽车电控发动机的仿真实验台设计与应用研究。
(7) 三维曲面造型及 NC 加工。
(8) 钢制吊车梁疲劳可靠性分析。
(9) 微机壳体螺孔加工机的设计。

5.1.3 机械制造中的软件设计

计算机辅助制造(CAM)、计算机辅助设计(CAD)、计算机辅助测试(CAT)和计算机辅助质量控制(CAQ)等均属软件设计类。

1. 内容

此类课题应根据机械制造与设计的过程建立数学模型，由数学模型转换为程序设计，写出程序设计说明书、软件使用说明等。

2. 要求

(1) 调查研究，查阅文献资料 15 篇以上，翻译外文资料 5000 字左右。
(2) 建立数学模型。
(3) 程序设计。
(4) 软件设计说明书，包括测试分析报告。
(5) 软件使用说明书。
(6) 撰写设计说明书 20000 字以上。

以下给出一些机械制造中的软件设计的相关的题名供参考。
(1) 基于 CAD 技术的圆锥齿轮减速器设计。
(2) 滚子齿形凸轮装置 CAPP 系统设计与开发。
(3) 基于进化算法的齿轮泵优化设计。
(4) 机械加工工序卡自动生成软件系统设计。
(5) 圆孔拉刀计算机辅助设计软件系统设计。
(6) FX2N 在立式车床控制系统中的应用。
(7) 组合件数控车工艺与编程。
(8) 齿轮有限元法分析。
(9) 三维导航自动定位机械设计。
(10) 数控机床支承移动系统的计算机辅助设计。

5.2 机械制造类毕业设计的方法与步骤

5.2.1 机械加工工艺与设备设计

机械产品质量的优劣很大程度上取决于其零件的机械加工质量和机械产品的成本。成本由零件的机械加工和装配的经济性和生产率，以及材料的费用等来决定。机械加工工艺过程设计合理与否是影响机械产品质量的一个关键因素，所采用设备的先进性与合理性又是机械加工中的重要环节。这类课题对机械制造专业学生是对口的课题，同时它又是一个有深度和难度的课题，是综合性和实践性很强的课题，要完整地完成课题需若干学生共同去完成，一个学生只完成某一个部分。课题的选取和工作分量的确定是选题中的关键，应符合大学生毕业设计的要求，使学生通过某典型机械系统的毕业设计，受到如何综合运用所学知识解决本专业范围各类工程实际问题的锻炼。

机械加工工艺与设备设计类毕业设计的设计方法与步骤主要包括以下几个方面。

1. 熟悉零件或产品的设计要求

学生在接到毕业设计任务书后，首先应仔细阅读和研究本课题的设计任务书，明确本设计任务要达到的目标。设计前，必须认真研究被加工零件图样，从加工制造的角度分析研究零件的结构、尺寸、形状、硬度、质量、尺寸精度、形位精度、表面粗糙度和材料及热处理方面的技术要求，并通过对产品装配图和有关工艺文件的分析，了解被加工零件在产品中的地位和作用，明确技术条件的制订依据，从而为制订合理的工艺规程与专用设备设计做好必要的准备。

1) 了解零件在产品中的作用

熟悉该零件所属产品的用途、性能和工作条件；了解零件在产品中的地位与作用。根据零件在产品中的作用，进一步分析零件结构设计和精度要求的合理性。

2) 检查零件图的完整性

分析和熟悉零件图时，应审查零件视图和尺寸、加工表面的尺寸要求。

3) 审查零件的结构工艺性

从机械加工工艺观点出发，结合零件的用途，分析零件精度和技术要求的合理性。若发现精度要求不合理或结构工艺性不好，可向设计者提出修改意见。

例如，如图5.1(a)所示，加工销钉两个退刀槽的宽度有两种尺寸，需要两种不同尺寸的刀具加工，因此销钉结构的工艺性不好；改为如图5.1(b)时，两个退刀槽的宽度相同，使用同一把刀具即可加工，因此改进后销钉结构的工艺性较好。

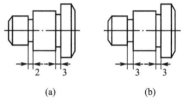

图5.1 销钉

4) 确定零件的主要加工表面

根据零件各表面的精度要求和作用，确定出零件的主要加工表面，以便安排机械加工时应用。同时，需要对产品的市场需求进行分析，了解市场和用户对设备的设计要求，掌握市场的信息和预测，并对同类产品的制造、销售、使用等反馈信息进行调查研究。

另外还需要深入现场，对被加工零件原生产单位所采用的加工设备、刀具、切削用量、定位基准、夹紧方式及加工质量、精度检验方法、装卸时间、加工时间等方面进行调查研究。对设备使用单位的现场生产条件、车间面积、机床布置、毛坯和制品流向、工人技术水平、专用设备及工艺装备的制造能力、生产经验和设备现状等条件进行调查研究。

检索和收集有关技术资料及相应的结构参考图，其中包括技术信息预测、实验研究成果、技术发展趋向、新技术应用等资料。对于可能采用的新技术、新工艺应进行必要的实验，以便取得可靠的设计依据。这一阶段在条件允许的情况下，应尽可能为学生安排毕业实习教学环节。毕业实习可安排在接到毕业设计任务书之后，在指导教师指导下进行，根据毕业设计课题，通过对使用单位、制造单位及有关部门的参观、实习和调研，广泛收集资料，对国内外同类型设备作系统的调查研究和分析。学生在毕业实习中详细记录与课题有关的问题，如同类型设备的基本参数、结构、布局、工艺、材料等有关原始资料，以便为方案拟订和总体方案设计的后续工作阶段提供设计依据。

2. 计算生产纲领与生产节拍

在总体方案设计阶段，首先可根据设计任务书上给定的被加工零件年产量，计算生产纲领。生产纲领对工厂的生产过程和生产组织起决定性的作用，包括决定各工作地点的专业化程度，所用工艺方法、设备和工艺装备；这些都是影响零件和产品质量、生产率和经济性的问题。

1) 计算零件的生产纲领

例如，零件的生产纲领即零件的实际计划的年产量 N(件/年)的计算公式为

$$N = Mn(1+a)(1+b) \qquad (5-1)$$

式中：N 为零件的年生产纲领，件/年；M 为产品的年产量，台/年；n 为每台产品中该零件的数量，件/台；a 为备品率，%；b 为废品率，%。

2) 确定生产类型

根据零件的生产纲领确定其生产类型，它是机械加工工艺过程设计必须具备的原始资料之一。各种生产类型有其工艺特点，这就决定了被加工零件各工序所需的专门化和自动化程度。

例如，划分生产类型的参考数据见表5-1。

表5-1 划分生产类型的参考数据

生产类型		零件年产量		
		重型零件	中型零件	轻型零件
单件生产		<5	<10	<100
成批生产	小批	5~10	10~200	100~500
	中批	100~300	200~500	500~5000
	大批	300~1000	500~5000	5000~50000
大量生产		>1000	>5000	>50000

生产类型是指企业(或车间、工段、班组、工作地)生产专业化程度的分类，一般分为以下几类。

(1) 单个地生产：不同结构和不同尺寸的产品，并且很少重复，如重型机器制造、专业设备制造和新产品试制等。

(2) 成批生产：一年中分批地制造相同的产品，制造过程有一定的重复性。例如，机床制造就是比较典型的成批生产。每批制造的相同产品的数量称为批量，根据批量的大小，成批生产又可分为小批生产(其工艺过程的工艺特点和单件小批生产相似)、大批生产(其工艺过程的特点和大量生产相似)和中批生产(其工艺过程的特点介于单件小批生产和大量生产之间)。

(3) 大量生产：产品数量很大，大多数工作地点经常重复地进行某一个零件的某一道工序的加工。例如，汽车、拖拉机、轴承等的制造，通常都是以大量生产的方式进行。

3) 计算生产节拍

在成批和大量生产中，一般都采用流水线生产，它的主要特点是：每一个工序在固定工作地点进行；按工序先后顺序排列工作地点；有生产节拍，即要求各个工序的工作时间同期化(工序时间都与生产所规定的节奏相等或成整数倍)。

例如，生产节拍的计算公式为

$$\tau = \frac{t}{N} K \qquad (5-2)$$

式中：τ 为生产节拍，为生产每个零件所需的时间，min/件；t 为机床一年的名义工作时间，min；K 为机床的利用率，一般取95%。

3. 设计机械加工工艺规程

设计机械加工工艺规程是指根据零件图和所属的产品装配图、生产纲领和工厂的具体条件，设计零件的机械加工工艺过程，以符合优质、高产和低消耗的总要求，其大体步骤如下。

1) 机械加工工艺规程的制订

机械加工工艺规程的制订，可以按以下设计步骤进行。

(1) 计算零件生产纲领，确定机械加工的生产类型。

(2) 研究分析被加工零件图和被加工零件的原始资料，审查、改善零件的结构工艺性。例如，阅读装配图和零件图，主要是掌握产品的用途、性能和工作条件；熟悉零件在产品中的地位和作用。

(3) 确定毛坯类型、结构及尺寸。确定毛坯的主要依据是零件在产品中的作用和生产纲领以及零件本身的结构，还要充分考虑国情和厂情。常用毛坯的种类有铸件、锻件、型材、焊接件、冲压件等。毛坯的材料是由产品设计者选择的，工艺人员在设计机械加工工艺规程之前，要确定并熟悉毛坯的特点。

(4) 拟定工艺路线，选择定位基准、夹紧部位和各加工表面的加工方法。机械加工工艺路线的最终确定，要通过一定范围的论证，即通过对几条工艺路线的分析与比较，从中选出一条适合本厂条件的、确保加工质量、高效和低成本的最佳工艺路线。

(5) 选择加工设备及工艺装备。工艺装备包括机床、夹具、刀具和量具等，对需要改装或重新设计的专用工艺装备应提出具体设计任务书。例如，选择加工设备时，对单件小批生产多选用通用机床，对大批生产则选择和设计高生产率的专用机床或自动化机床。

(6) 确定工序尺寸及其公差。

(7) 确定切削用量及工时定额。目前，在单件小批生产厂，切削用量多由操作者自行决定，机械加工工艺过程卡中一般不作明确规定。在中批，特别是在大批大量的生产厂，为了保证生产的合理性和节奏均衡，要求必须规定切削用量，并不得随意改动。

(8) 填写工艺卡片，绘制工序图。其中，拟订被加工零件工艺路线是制订工艺规程中的一项重要工作。工艺路线的拟订是指确定零件从毛坯开始到加工最后阶段为止的主要加工步骤。拟订工艺路线主要是选择定位基准，选择每一道工序的加工方法，确定各工序的加工顺序以及工序的划分等，并标出顺序号。

将确定的工序和工步填写在工艺卡片上，并在工序卡片上绘制工序图。确定工序和工步时，应力求做到工序的同期化（工序时间都与生产所规定的节奏相等或成整数倍），只有在这样的条件下才能保证流水作业线或自动线上的设备满载。

2) 毛坯种类选择和绘制毛坯图

毛坯制造是零件生产过程的一部分，零件所用的毛坯种类选择的是否合适，将直接影响工艺过程是否优质、高产和低消耗。

(1) 毛坯种类选择：正确地选择毛坯主要应考虑零件的材料及其力学性能，零件的结构形状和尺寸大小，零件的生产批量和精度要求，工厂毛坯车间的现有设备和技术水平等因素。

(2) 确定毛坯的加工余量：确定毛坯加工余量的基本原则是，在保证加工质量的前提下，尽量减少加工余量。目前，工厂中一般依靠现场工人的经验或查阅有关余量表格（或手册）来具体确定余量值，并应尽量考虑到它的原则：零件尺寸精度或表面粗糙度要求高的加工表面，应有较大的加工余量；加工面积大的表面加工余量应加大；距基准较远的加工表面，加工余量应相应增加；出现缺陷或开设浇冒口位置应留工艺余量。由各工序的加工余量之和确定毛坯的总余量。

（3）绘制毛坯图：对型材毛坯，只需选择其型号和直径、长度等，无需画毛坯图；对铸、锻件，则应在零件图的基础上，确定毛坯的分型(模)面、毛坯的加工余量、铸造(或模锻)斜度及毛坯圆角。绘制毛坯图时，以实线表示毛坯表面轮廓，以双点画线表示经切削加工后的表面，在剖面图上用交叉十字线表示加工余量。图上要标注出主要尺寸及其公差。

3）拟订机械加工工艺路线

设计机械加工工艺过程又称拟订机械加工工艺路线，主要包括以下几个方面内容：

（1）选择零件表面的加工方法。零件的加工表面一般有平面、外圆、内孔、螺纹、齿形、花键和成形表面等。对应这些典型的表面能达到一定经济精度的加工方法很多，在具体选择确定时应从零件的结构特点、技术要求、材料和热处理、生产批量和现有生产条件来考虑，以满足机械加工工艺要求。

例如，外圆表面的加工路线有许多种方法，一般如图 5.2 所示。

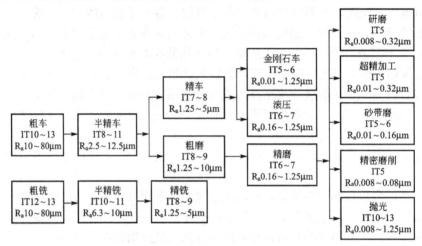

图 5.2　外圆表面的加工路线

（2）选择工序定位基准。在将毛坯加工成成品零件的全部过程中，应根据粗基准选择原则和精基准选择原则来选择加工阶段中的定位基准，以确保加工表面的位置精度。

在选择粗基准时，一般应遵循下列原则。

① 保证相互位置要求的原则：如果必须保证工件上加工面与不加工面的相互位置要求，则以不加工面作为粗基准。

② 保证加工表面加工余量合理分配的原则：如果必须首先保证工件某重要表面的余量均匀，应选择该表面的毛坯面为粗基准。

③ 便于工件装夹的原则：选择粗基准时，必须考虑定位基准，夹紧可靠以及夹具结构简单、操作方便等问题。为了保证定位准确，夹紧可靠，要求选用的粗基准应尽可能地平整、光洁和有足够大的尺寸，不允许有锻造飞边、冒口或其他缺陷。

④ 粗基准一般不得重复使用的原则：如果能使用精基准定位，则粗基准一般不应被重复使用。

精基准的选择应遵循以下原则。

① 基准重合原则，选设计基准为定位基准，可以消除基准不重合误差。

② 基准统一原则，此原则是为了减少夹具类型和数量或为了进行自动化生产。

③ 互为基准原则，对空间位置精度要求很高的零件常采用。
④ 自为基准原则，对于某些精度要求很高、余量很小并且均匀的表面常用。
⑤ 便于装夹原则，保证定位准确、可靠，夹紧机构简单，操作方便。

(3) 确定工序数目和顺序。

根据每个加工表面的结构形状和技术要求，确定采用何种加工方法和分几次加工。一般零件的机械加工工艺过程大致可分为粗加工阶段工序、半精加工阶段工序、精加工阶段工序和光整加工阶段工序。具体安排工序内容时，要把粗、精加工分开，但加工阶段划分不应过细，否则会使工序数目增加、加工过程变复杂、影响生产率和成本。因此，在满足质量要求的情况下，划分的工序数应尽量少。具体决定工序数目时，根据零件结构特点、生产类型和工厂具体条件，应适当地采用工序集中和工序分散原则。

机械加工工序顺序安排原则是：先粗后精、先主后次、先面后孔、先基准后其他。还应考虑热处理工序、检验工序和辅助工序的安排。

(4) 确定工序尺寸及其公差。

一般采用查表法确定每道工序的加工余量，然后按工序顺序，采用由后向前推的计算方法即计算简图法，根据选定的余量计算前一道工序的尺寸。

工序尺寸的公差和表面粗糙度应按该工序的加工方法的经济精度来确定。工序尺寸的公差一般规定为按工件的"入体"方向标注，即对于被包容面工序尺寸公差取负值，而对包容面工序尺寸公差取正值。

4) 机床和工艺装备的选择与设计

拟订了零件的工艺路线后，对其中用机床加工的工序，还要选择或设计专用机床与工艺装备，它将影响零件的加工精度和生产率。

(1) 选择机床。

机床选择的原则是：机床的生产率应与零件的生产类型相适应；应考虑到生产的经济性；机床的加工范围应满足零件的加工要求；机床的精度应与零件的加工精度相适应；机床的加工以及尺寸范围应与零件毛坯的外形尺寸相适应；机床的主轴转数范围、走刀量的等级、机床功率应基本符合切削用量的要求。

在选择机床时应尽可能利用工厂的现有设备，或对现有机床进行改装。

(2) 选择刀具。

选择刀具时，应考虑工序的种类、生产率、工件材料、加工精度和所采用机床的性能，刀具的尺寸规格应尽可能采用标准值。具体选择时应考虑：与生产性质相适应，符合工件材料的加工要求，满足加工精度要求，与所使用的机床相适应。

在成批或大量生产中，若有特殊需要，可采用成形刀具、组合刀具、非标准尺寸的钻头、铰刀等来提高生产率，但需自行设计。

(3) 选择量具。

在小批量生产中尽量采用标准的通用量具。在成批或大量生产中，一般应根据检验尺寸设计专用量具和各种专门检验夹具。在选择量具时，除应考虑零件的生产类型外，还应考虑被测零件的精度要求，考虑测量工具和测量方法的经济指标。

(4) 选择和设计夹具。

在小批量生产中尽量采用通用夹具。当被加工件的表面精度要求较高或在成批大量生产时，一般应设计专用夹具，以保证加工表面的位置精度。在设计工艺规程时，设计者应对要采用的夹具有一初步考虑和选择，在工序图上应表示出定位、夹紧方式，以及同时加工的工件数等。夹具设计是工艺规程设计中的一个重要部分。

5) 切削用量的选择

切削用量的选择应根据不同加工阶段的特点采用不同的原则。

（1）粗加工切削用量的选择原则：粗加工时工件加工表面的精度要求不高，表面粗糙度较大，工件毛坯的余量也较大，故选择粗加工切削用量时，应尽可能保证较高的金属切除率和必要的刀具耐用度。因此，应首先考虑选用大的切削深度，其次选择一个较大的进给量，最后确定一个合适的切削速度。

（2）半精加工和精加工切削用量的选择原则：半精加工和精加工时，加工精度和表面质量要求较高，加工余量较小且较均匀。因此，应首先考虑选择一个较高的切削速度，其次选择较小的进给量，最后确定切削深度。

（3）在组合机床上加工时切削用量的选择原则：由于组合机床是多轴、多刀同时加工的，所以选择的切削用量比一般通用机床单刀加工时要低一些。这是因为大量刀具如果迅速磨损，将使换刀时间增多，刀具消耗增加，影响机床生产率及生产成本。

6) 工时定额的估算

根据加工表面的尺寸大小计算出基本时间。单件工时定额应根据工厂的生产经验并参照其他先进工厂同类零件的工时来制定。应具有平均先进水平，过高或过低的定额都不利于提高生产积极性和生产水平。单件工时定额包括基本时间、辅助时间、工作地点技术服务时间、工作地点组织服务时间、休息及生理需要时间，准备与终结时间。

7) 填写机械加工工艺文件

根据工作类别、生产类型和工厂习惯选择工艺规程格式并填写机械加工工艺文件。

4．专用夹具的设计

专用夹具设计是机械制造工艺装备设计的一部分，夹具设计的优劣对零件加工精度、生产效率、制造成本、生产安全、劳动生产条件等都起着重要的作用。夹具设计用来确定工件与刀具间的相对位置，将工件定位并夹紧。要设计出较理想可行的夹具，必须充分了解和分析有关资料，吸取先进技术经验，制订出可行的夹具结构方案，绘出总装图，并提出合理的技术要求。

专用夹具结构设计的规范化程序具体要求如下。

1) 明确设计要求，认真调查研究，收集设计资料

（1）仔细研究零件工作图、毛坯图及其技术条件。

（2）了解零件的生产纲领、投产批量及生产组织等有关信息。

（3）了解工件的工艺规程和本工序的具体技术要求，了解工件的定位、夹紧方案，了解本工序的加工余量和切削用量的选择。

（4）了解所使用量具的精度等级、刀具和辅助工具等的型号、规格。

（5）了解本企业制造和使用夹具的生产条件和技术现状。

（6）了解所使用机床的主要技术参数、性能、规格、精度，以及与夹具连接部分结构的联系尺寸等。

（7）准备好设计夹具用的各种标准、工艺规定、典型夹具图册和有关夹具的设计指导资料等。

(8) 收集国内外有关设计、制造同类型夹具的资料，吸取其中先进而又能结合本企业实际情况的合理部分。

2) 确定夹具的结构方案

在广泛收集和研究有关资料的基础上，着手拟订夹具的结构方案，主要包括以下内容。

(1) 根据工艺的定位原理，确定工件的定位方式，选择定位元件。

(2) 确定工件的夹紧方案和设计夹紧机构。

(3) 确定夹具的其他组成部分，如分度装置、对刀块或引导元件、微调机构等。

(4) 协调各元件、装置的布局，确定夹具体的总体结构和尺寸。

在确定方案的过程中，会有各种方案供选择，但应从保证精度和降低成本的角度出发，选择一个与生产纲领相适应的最佳方案。

3) 绘制夹具总图

绘制夹具总图通常按以下步骤进行。

(1) 遵循国家制图标准，绘图比例应尽可能选取 1∶1，根据工件的大小绘制时，也可用较大或较小的比例；通常选取操作位置为主视图，以便使所绘制的夹具总图具有良好的直观性；视图剖面应尽可能少，但必须能够清楚地表达夹具各部分的结构。

(2) 用双点画线绘出工件轮廓外形、定位基准和加工表面。将工件轮廓线视为"透明体"，并用网纹线表示出加工余量。

(3) 根据工件定位基准的类型和主次，选择合适的定位元件，合理布置定位点，以满足定位设计的相容性。

(4) 根据定位对夹紧的要求，按照夹紧五原则选择最佳夹紧状态及技术经济合理的夹紧系统，画出夹紧工件的状态。对空行和较大的夹紧机构，还应用双点画线画出放松位置，以表示出和其他部分的关系。

(5) 围绕工件的几个视图依次绘出对刀、导向元件及定向键等。

(6) 最后绘制出夹具体及连接元件，把夹具的各组成元件和装置连成一体。

(7) 确定并标注有关尺寸，夹具总图上应标注的有以下 5 类尺寸。

① 夹具的轮廓尺寸：即夹具的长、宽、高尺寸。若夹具上有可动部分，应包括可动部分极限位置所占的空间尺寸。

② 工件与定位元件的联系尺寸：常指工件以孔在心轴或定位销上(或工件以外圆在内孔中)定位时，工件定位表面与夹具上定位元件间的配合尺寸。

③ 夹具与刀具的联系尺寸：用来确定夹具上对刀、导引元件位置的尺寸。对于铣、刨床夹具，是指对刀元件与定位元件的位置尺寸；对于钻、镗床夹具，则是指钻(镗)套与定位元件间的位置尺寸，钻(镗)套之间的位置尺寸，以及钻(镗)套与刀具导向部分的配合尺寸等。

④ 夹具内部的配合尺寸：它们与工件、机床、刀具无关，主要是为了保证夹具装置后能满足规定的使用要求。

⑤ 夹具与机床的联系尺寸：用于确定夹具在机床上正确位置的尺寸。对于车、磨床夹具，主要是指夹具与主轴端的配合尺寸；对于铣、刨床夹具，则是指夹具上的定向键与机床工作台上的 T 形槽的配合尺寸。标注尺寸时，常以夹具上的定位元件作为相互位置尺寸的基准。

上述尺寸公差的确定可分为两种情况处理：一是夹具上定位元件之间，对刀、导引元件之间的尺寸公差,直接对工件上相应的加工尺寸发生影响,因此可根据工件的加工尺寸公差确定,一般可取工件加工尺寸公差的1/5～1/3;二是定位元件与夹具体的配合尺寸公差,夹紧装置各组成零件间的配合尺寸公差等,则应根据其功用和装配要求,按一般公差与配合原则决定。

(8) 规定总图上应控制的精度项目,标注相关的技术条件。夹具的安装基面、定向键侧面以及与其相垂直的平面(称为三基面体系)是夹具的安装基准,也是夹具的测量基准,因而应该以此作为夹具的精度控制基准来标注技术条件。在夹具总图上应标注的技术条件(位置精度要求)有如下几个方面。

① 定位元件之间或定位元件与夹具体底面间的位置要求,其作用是保证工件加工面与工件定位基准面间的位置精度。

② 定位元件与连接元件(或找正基面)间的位置要求。

③ 对刀元件与连接元件(或找正基面)间的位置要求。

④ 定位元件与导引元件的位置要求。

⑤ 夹具在机床上安装时的位置精度要求。

上述技术条件是保证工件相应的加工要求所必需的,其数量应取工件相应技术要求所规定数值的1/5～1/3。当工件未注明要求时,夹具上的那些主要元件间的位置公差,可以按经验取为(100∶0.02)～(100∶0.05)mm,或在全长上不大于0.03～0.05mm。

(9) 编制零件明细表:夹具总图上还应画出零件明细表和标题栏,写明夹具名称及零件明细表上所规定的内容。

4) 夹具精度校核

在夹具设计中,当结构方案拟订之后,应该对夹具的方案进行精度分析和估算;在夹具总图设计完成后,还应该根据夹具有关元件的配合性质及技术要求,再进行一次复核,这是确保产品加工质量而必须进行的误差分析。

5) 绘制夹具零件工作图

夹具总图绘制完毕后,对夹具上的非标准件要绘制零件工作图,并规定相应的技术要求。零件工作图应严格遵照所规定的比例绘制。视图、投影应完整,尺寸要标注齐全,所标注的公差及技术条件应符合总图要求,加工精度及表面光洁度应选择合理。

在夹具设计图纸全部完成后,还有待于精心制造以及实践和使用来验证设计的科学性。经试用后,有时还可能要对原设计作必要的修改。因此,要获得一项完善优秀的夹具设计,设计人员通常应参与夹具的制造、装配,鉴定和使用的全过程。

6) 设计质量评估

夹具设计质量评估,就是对夹具的磨损公差的大小和过程误差的留量这两项指标进行考核,以确保夹具的加工质量稳定和使用寿命。

5. 专用刀具与专用量具设计

学生应根据指导教师的指定,设计加工某一道工序用的专用刀具或专用量具。

刀具工作图应有足够的视图和剖面、截面图,以表达刀具的几何形状和几何参数,并标注出必要的尺寸、公差和表面粗糙度。刀具工作图中必须标注材料、硬度、热处理等技术要求。在设计说明书中应说明采用本设计刀具的依据及该专用刀具的结构特点等。量具工作图上应有足够的视图和剖面、截面图,以表达专用量具的工作原理和结构,并标注必要的尺寸、公差和表面粗糙度。工作图中应用放大比例画出工作端的公差带分布图和相互位置图，要求标注出材料、硬度、热处理等技术条件，并在说明书中对该量具的结构特点、工作原理进行说明，对如何应用该量具保证产品质量的可靠性及量具公差进行必要的分析和说明。

6. 专用设备设计

学生应按指导教师的指定，设计加工某工序的专用设备。学生应根据指导教师指定的某一工序绘制加工零件某工序的正式工序图、加工示意图和填写机床生产率计算卡。

7. 设计说明书的撰写

设计计算说明书的内容应包括：论证设计依据，说明新设计的工艺和设备的用途及本设计的必要性和现实意义，对同类型工艺与设备的性能和结构进行分析，对所设计工艺与设备的方案论证和图纸说明，对所设计设备的有关部件与主要零件的设计计算，如进行运动计算、动力计算等，对所设计的设备从质量、安全、经济性、性能等方面的定性和定量分析，指出设计特点、存在的问题及改进措施。

撰写设计计算说明书的要求如下。

（1）设计说明书的论证要有科学根据，要有说服力。

（2）计算部分要指出公式来源并说明公式中的符号所代表的意义，公式中所有常数或系数必须正确，计算结果要足够准确，计算过程可省略，计算中采用的数据及计算结果可列表表示。

（3）设计说明书叙述要有条理，要分章节段落，用词要通顺简练，书写工整。所有图表、线图、简图应画得正规。

（4）设计说明书总量不少于20000字。

机械加工工艺与设备类毕业设计的进度：要求学生在接到设计任务之后，根据各设计阶段的主要内容和基本要求，合理安排毕业设计的时间分配比例，确定各设计阶段的具体起止日期，具体地制订出工作计划，以便检查进度，做到心里有数。

方案论证是设计工作成败的关键，因此确定方案时应特别慎重，在时间上也应给予充分的保证。方案论证所用的时间，一般应占总设计时间的1/3左右。

详细设计阶段中结构图的绘制和设计计算说明书的编写，是花费精力和所用时间较多的阶段。在能达到设计目的、表明方案的前提下，不宜单纯地追求加大图纸量和设计说明书的数量，而应以提高设计质量为主要目标。详细设计阶段所用的时间约占总设计时间的1/2左右。

准备答辩的过程是知识深化、条理化的过程，应安排一定的时间进行这项工作，避免仓促上阵，从而影响答辩效果。

应用案例5-1

设计一套夹具用于加工零件连杆，如图5.3所示，需要加工$\phi 40$的孔，连杆材料为45钢，毛坯为模锻件，年产量为500件。

分析：根据已知可知要设计一套车床夹具。

(1) 先研究加工零件连杆的原始资料,明确设计任务,包括:了解加工零件在产品中的作用;检查零件图的完整性,分析和熟悉零件图时,应审查零件视图和尺寸、加工表面的尺寸要求;审查该零件的结构工艺性良好;确定零件的主要加工表面为 $\phi40$ 的孔。

(2) 加工表面为 $\phi40$ 的孔这道工序属于批量生产,使用夹具加工是适当的,考虑到生产批量为年产量 500 件,不是很大,因此夹具结构应尽可能简单,以降低成本。

(3) 确定夹具结构方案。确定要限制的自由度,根据加工工序的尺寸,形状和位置精度要求,工件定位时需限制 4 个方向的自由度,沿 X、Y 方向的水平运动以及轴向转动。固定 V 形块(限制 X、Y 方向的移动和转动)、活动 V 形块(限制 Z 方向的转动)为定位元件,如图 5.4 所示。

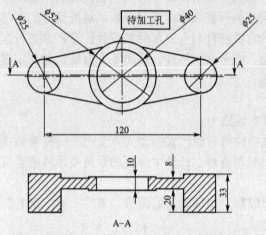

图 5.3 连杆　　　　　　　　图 5.4 定位

(4) 夹紧方案的确定:根据零件的定位方案,采用移动压板式螺旋夹紧机构,如图 5.5 所示。

(5) 确定其他装置和夹具体。

夹具体的设计(图 5.6)应通盘考虑,应使上述部分通过夹具体联系起来,形成一套完整的夹具。此外,还应考虑夹具与机床的连接,为此设计了过渡盘(图 5.7)。

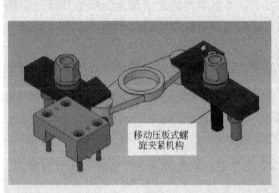 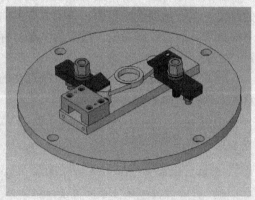

图 5.5 夹紧　　　　　　　　图 5.6 夹具体

(6) 绘制夹具总装配图,如图 5.8 所示。

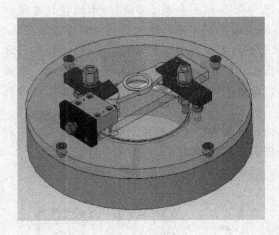

图 5.7 过渡盘

图 5.8 总装配

(7) 编制零件明细表,夹具总图上还应画出零件明细表和标题栏,写明夹具名称及零件明细表上所规定的内容。

5.2.2 热加工工艺与设备设计

热加工专业指铸造、锻压、焊接、热处理等专业。热加工工艺与设备设计的毕业设计分为工程设计、实验研究和软件设计等 3 类。其中工程设计类一般有工艺过程设计、设备设计、车间设计等。本节以热加工专业工程设计类毕业设计为例,简述其步骤如下。

1) 下达毕业设计任务书

毕业设计工作开始时,指导教师根据每个学生的实际情况,给学生下达毕业设计任务书。

2) 调研或毕业实习

对于课题的相关内容,设计者如果只是一般了解,甚至了解很少,应在拿到任务书以后首先去查阅相关的文献资料。而有的学校也可能会安排毕业实习,这样学生就可以深入实际去进行调研和收集资料。

3) 方案的比较与选择

通过查阅文献资料,以及深入实际进行调研,设计任务的要求已明确,设计的原始数据和依据,以及设计所需的图纸资料等也已收集齐全,就可以进行确定设计方案的工作。设计方案工作首先应该确定设计的总体方案,确定设计的总体方案是至关重要的,应列出多种可行的设计方案,然后从技术的先进性,经济的合理性等各方面作深入的分析比较,最后加以确定。

应用案例5-2

下面是某大学机械工程与自动化专业某学生的毕业设计,题名为收音机外壳注塑模设计,该生设计了两套型腔排列方案,如图 5.9(a)和图 5.9(b)所示,经多方面比较,该生最终选择了图 5.9(a)所示的方案。

分析：该生毕业设计中的塑件在注射时采用一模三件六型腔。综合考虑浇注系统、模具结构的复杂程度、加工等因素，可采用如图 5.9(a) 和图 5.9(b) 所示的型腔排列方式。经多方选择，最终设计采用图 5.9(a) 的型腔排列方式。这种排列方式比图 5.9(b) 的排列方式最大的优点是便于加工。因为型腔用电火花加工，采用图 5.9(a) 的排列方式，当加工不同位置的同一零件时，只需改变水平方向的（X 或 Y 其中一个）坐标，不用改变其他的方向，避免了重新找基准定位，提高了加工效率，保证了加工精度。此排列方式也方便浇道的布置和加工。

另外这种排列方式也便于设置抽芯机构。虽然这种型腔排列方式在浇注过程中熔料进入型腔后到另一端流程较长，但该零件较小，故对成形没太大影响。

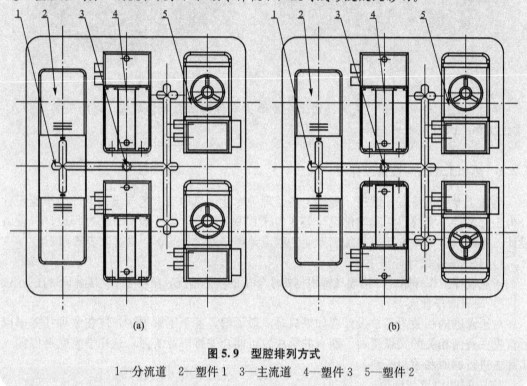

图 5.9 型腔排列方式
1—分流道 2—塑件1 3—主流道 4—塑件3 5—塑件2

4) 技术经济分析

技术经济分析是对技术方案的预期经济效益进行分析、计算和评价，并从中选出技术上先进、经济上合理的最优方案，为决策提供科学的依据。

5) 理论分析

有许多课题提出的新见解、选定的设计方案或实验方法等，需要从理论上加以分析、推导或论证。这不仅是课题本身的要求，而且对提高设计者自身运用所学理论知识分析和解决实际问题的能力有着极其重要的意义。

6) 工程设计

通过以上工作，学生对设计任务的意义、要求、主要的设计方案等都已搞清楚，设计所需要原始数据、图纸和参考资料，也都收集齐全，就可以开始进行详细的设计了。

7) 实验和生产验证

无论是热加工设备或是工艺方面的毕业设计，有时会遇到一些较复杂的或非常规的设计内容，此时缺乏参考资料，经常需要做一些实验，为所进行的设计工作寻找依据，这是工程设计中常用的有效方法。

8) 总结提高，撰写设计（论文）说明书

撰写毕业设计说明书是毕业设计的最后一个环节，数个月的辛勤工作，使设计者取得了毕业设计的丰硕成果，应该很好地撰写毕业设计说明书。通过撰写毕业设计说明书，使设计者关于该项工程设计知识、经验和新见解系统化、规律化和理论化，并得到总结和提高，从而全面、正确地反映毕业设计取得的成果，所以撰写毕业设计说明书有重要意义。

5.2.3 机械制造中的软件设计

随着计算机技术的普及和应用，在机械设计与制造领域，计算机作为一种现代化的手段和工具越来越多地被人们用于整个生产过程。毕业设计是培养学生的一个重要实践性教学环节，在毕业设计中应鼓励并设置利用计算机技术解决本专业实际问题的课题，使学生得到较全面的培养和训练。

1. 软件设计的特点与要求

软件设计不同于硬件设计，它是计算机系统中的逻辑部件而不是物理部件。毕业设计中的软件设计部分除要完成系统方案、总体框图以及程序图之外，还要编程，实现上机运行。因此，相对而言，软件设计更具实践性。为使学生有所收获，软件毕业设计应掌握如下原则。

1) 选题

根据机械制造专业本科生的培养目标，软件设计题目的选择必须符合专业特点和教学的基本要求，选题应结合科研、教学，便于学生得到较全面的结合专业的软件工程基本训练，有利于培养学生的逻辑思维、独立工作、操作计算机等方面的能力，有利于巩固、深化和扩大所学的知识和技能，如机械产品和零件的 CAD、CAPP、CAM、工艺数据库及专家系统、专业 CAI 课件等软件设计题目。应避免非专业软件设计题目，避免软件学习类题目。

2) 内容

软件设计要求须具体明确，工作量要适中，使中等程度学生经过努力在规定时间内能够完成。具体工作量要求：查阅课题相关文献 15 篇以上；翻译课题相关外文资料 5000 字以上；提交软件工程文档一套（具体内容参阅"计算机软件工程规范"）；毕业设计说明书 20000 字以上。

软件设计要按照软件工程的思想进行，根据本科生的实际情况，软件工程文档应包括：有效程序软盘和源程序清单（高级语言源程序 5000 行左右）；软件设计说明（含在毕业设计说明书中）；软件使用说明书（独立成文）；软件测试分析报告（独立成文）；项目开发总结（含在毕业设计说明书中）。

毕业设计说明书应在第一章中包含"软件需求"方面的内容，应分别设有"软件设计说明"和"项目开发总结"两个章节，该两部分内容既可作为毕业设计说明书的组成章节，又可成为独立文档存在。若软件设计仅作为毕业设计中的部分内容，则由导师掌握其程序量。软件工程文档应提交：有效程序软盘和源程序清单；软件设计说明书（含在毕业设计说明书中）；软件使用说明书（独立成文）。

3）指导方法

指导教师除给学生提出明确的设计要求外，还应把握学生的思想脉络，了解学生的水平和能力，适时、适度地加以指导，不断地纠正设计中暴露出来的偏差。例如，忽视软件设计内涵，而注重界面美化等表面程序设计；忽视软件设计综合能力的培养，满足于掌握计算机的操作、支撑软件的简单使用；忽视前期准备和设计工作，急于编程；忽视软件文档，不能及时按规范书写文档资料等。

教师应按软件工程的指导思想，组织毕业设计，培养学生了解并尝试掌握科学软件开发的方法和技术，注意制订切实可行的进度计划，并进行严格的阶段检查。要注意复习、巩固、运用专业知识，重视软件的专业价值。需要的话，可在毕业设计初期为学生组织软件工程及有关专业知识的补课。另外，指导教师既要在软件设计选题、设计方案、总体结构等大方面上严格把握，又要在局部设计问题上给学生留有充分的余地，以利于调动学生的积极性，发挥主观能动性和创造力。

4）软件验收

软件设计成果宜在答辩前组织验收，验收结果纳入最终成绩评定。

（1）验收组织：验收小组由 3～5 名教师组成，设 1 名组长，可按教研室或系组织安排。

（2）验收方法：验收小组在答辩前组织机前实地操作演示验收。验收程序包括由软件设计学生对课题作简要介绍；将文档之一的有效程序软盘插入驱动器，安装该软件，并运行；边演示边解释，并接受验收小组的提问；向验收小组提交全部文档；由验收组长宣布验收结束，并经验收小组讨论，签署验收意见和成绩；将验收意见交付答辩委员会。

（3）验收内容程序功能是否符合毕业设计题目要求；运行是否正常、可靠；界面是否友好，操作是否简便；文档种类是否齐全。

未通过软件验收的学生，原则上不准参加答辩。

2. 软件设计的方法与步骤

CAD/CAM 软件设计是一项涉及多学科的综合性课题。为了保证所设计软件的质量，尽可能使学生得到综合训练、达到要求，必须研究和采用科学的开发方法和技术。

1）软件工程的基本概念

软件工程是 20 世纪 60 年代后期为了解决软件危机而逐步研究、形成的计算机科学技术领域中的一门新兴学科，是指导计算机软件开发和维护的工程学科。软件工程强调使用生存周期，即软件产品从形成概念开始，经过开发、使用和不断增补修订，直到最后被淘汰的整个过程。参照《计算机软件开发规范》（GB 8566—1988）可将软件生存周期划分成以下 6 个阶段。

（1）可行性研究与计划阶段确定软件开发目标和总体要求，进行可行性分析，制订开发计划。

（2）需求分析阶段进行系统分析，确定软件功能需求和设计约束。

（3）设计阶段确定设计方案，包括软件结构、模块划分、功能分配以及处理流程。通常设计阶段应分解成概要设计和详细设计两个步骤。

(4) 实现阶段完成源程序的编码、编译和无语法错误的程序清单，完成程序单元测试。

(5) 测试阶段实现系统总装测试和确认测试、检查审阅文档、进行成果评价。

(6) 运行与维护阶段，软件在运行使用中不断地维护，根据新提出的需求进行必要且可能的扩充和修改。

软件工程利用生存周期方法，并强调文档、软件工具的作用，在每个阶段都采用科学的管理手段和良好的技术方法，使软件开发全过程以一种有条不紊的方式进行，保证了软件的质量，提高了软件开发的成功率和生产率。因此，对于软件设计类型的毕业设计，教师也应按软件工程的思想进行组织安排、严格管理和科学指导，使学生了解、接触并体会软件工程的含义，初步掌握一般软件的设计方法和步骤。

2) 结构化的软件设计

结构化软件设计方法是用一组标准的准则和工具，根据系统的总体逻辑模型，采用自顶向下的方法进行系统分析和设计，把主要功能逐级分解成具体的、比较单一的功能，确定约束和性能要求再使用结构程序设计技术实现具体功能。也就是要分解出软件系统的层次模块结构（模块化），一个模块完成一个适当的子功能。顶层模块调用它的下层模块以实现程序的完整功能，每个下层模块再调用更下层的模块，最下层的模块完成最具体的功能。这样，可使软件结构清晰，不仅容易设计，也容易阅读、理解和管理。

3) 软件设计步骤

(1) 选题：一般情况下，由教师结合科研教学实际提出课题，由教研室主任审查、系主任审批，通过后尽可能早些与学生见面，让学生有充裕的时间进行准备。对少数平时成绩突出的学生，也可由学生本人提出选题，由教师把关，由系里审批认可。

(2) 制订并下达任务书：由教师制订任务书，说明设计题目、内容、给定参数及技术、设备条件，明确各项工作量的指标要求及质量要求，安排进度计划。任务书用语应简明扼要、贴切达意，应在毕业设计开始的第一天向学生下达。

(3) 调研、搜集资料：组织或安排学生根据任务书的题目要求进行有针对性的社会调研和资料检索、搜集工作；深入实际，了解题目的国内外发展现状，补充学习实现设计的理论、方法和技术；查询15篇以上相关技术资料，完成一篇外文技术资料的翻译；进一步明确设计要求和目标。

(4) 总体设计：在调研、搜集资料，分析现有系统的基础上提出可能的设计方案，尤其是专业技术方案，运用工具描述每种方案，并在充分分析、优化的基础上，推荐使用其中一种较好的方案；制订实现该方案的详细计划，解决问题的策略和技术手段；自顶向下进一步分解出软件系统的层次结构；把解法具体化，对各模块进行详细设计，绘制 N-S 等工具图；撰写设计说明标准文档。

(5) 编程和调试：选择和使用程序设计语言，运用结构程序设计原则，编制实现各功能和程序模块；上机调试通过；完成任务设计规定的设计要求；撰写使用说明书。

(6) 测试：通过各种测试及高度调试手段，发现和纠正软件中的问题和错误，使软件达到预期的要求；记录测试结果并进行分析，提出测试分析报告。

(7) 撰写毕业设计说明书。

(8) 软件验收：由验收小组组织。

(9) 评阅及答辩。

上述步骤中容易被忽略的是总体设计和测试两个阶段，以及文档的记录和整理。学生往往急于求成，盲目编程，缺乏总体设计规划，程序编完又缺少必要的测试和评价。因此，教师要注意分阶段把握进度，尤其是引导学生在各个阶段中的注意工作重点，使学生除软件设计能力之外，更重视专业知识的综合运用和各方面综合能力的锻炼和提高。

3. 软件工程文档

软件工程重视文档的作用，它是软件的一个重要的组成部分，是软件开发各个阶段之间、程序员之间的通信工具，是备忘录，又是里程碑。

按照《计算机软件产品开发文件编制指南》(GB 8567—1988)规定，整个软件开发阶段共应提交14种标准文档。其生产周期各阶段与各种文档提交的关系可见表5-2，其中有些文档的编写工作要在若干个阶段中延续进行。软件文档均应参照国家标准规范书写。

表 5-2 软件生存周期各阶段中的文档编制

	可行性研究与计划阶段	需求分析阶段	设计阶段	实现阶段	测试阶段	运行与维护阶段
可行性研究报告	√					
项目开发计划	√	√				
软件需求说明书		√				
数据要求说明书		√				
测试计划		√	√			
概要设计说明书			√			
详细设计说明书			√			
数据库设计说明书			√			
模块开发卷宗				√	√	
用户手册		√	√	√		
操作手册			√	√		
测试分析报告					√	
开发进展月报	√	√	√	√	√	
项目开发总结					√	

为了培养学生用软件工程的思想进行科学开发工作的能力，也为了软件设计的延续性，要求学生在提交有效程序软盘和源程序清单的同时，提交其他软件文档。考虑到毕业设计题目多属5000行左右的小规模程序，根据规定要求学生提交下列文档。

1) 软件设计说明书

软件设计说明书说明对程序系统的设计考虑，包括程序系统的基本处理流程、程序系统的组织结构、模块划分、功能分配、接口设计、运行设计、数据结构设计和交错处理设计等。该说明书可作为毕业设计中的一章。

2) 软件使用说明书

软件使用说明书向用户或操作人员介绍软件的用途、功能和使用、操作方法等。该说明书应独立成文。

3）测试分析报告

测试分析报告记载测试结果和分析意见。该报告应独立成文。

4）项目开发总结报告

项目开发总结报告总结课题开发工作的经验，说明实际取得的开发结果及对整个开发工作各个方面的评价。该总结可作为毕业设计中的一章。

在软件设计及文档编制、毕业设计说明书撰写的过程中，教师要引导学生进入角色，掌握一般科学论文的写作方法，了解每种文档的读者，注意适应特定读者的水平、特点和要求；尽量利用软件工程中提倡的诸如数据流图、矩阵图、程序框图等设计描述工具编制文档相应内容，使文档具有科学性和规范性；为使某些独立成文的文档自成体系，允许部分内容（如引言、说明等）存在某些重复。

4. 软件文档和毕业设计说明书撰写

根据学生毕业设计时间、内容及要求，参照国家标准，本书分别制订了毕业设计说明书以及上述4种软件文档的书写内容和格式，学生可在教师的指导下参照撰写。

1）毕业设计说明书

(1) 毕业设计任务书：由指导教师填写。明确设计题目、给定条件，指明工作量及质量要求。

(2) 论文摘要：由学生对论文进行归纳总结、编写摘要。约200字。

(3) 目录。

(4) 第1章概述：着重介绍课题研究目的、研究背景、国内外发展概况及研究现状，进行需求分析，说明课题的意义。

(5) 第2章系统总体方案设计：说明系统总体模型，多个方案的优选理由，所采用的设计分析方法以及语言系统、工具软件的选用等。例如，创成式CAPP研究，应说明为何在该题目中使用创成法，而不用派生法等其他方法；工艺决策依据的基本原则是什么；零件的信息标志怎么实现，用成组编码还是计算机绘图或其他；系统由几大功能模块组成，模块之间的数据流关系等。总之，要给读者一个清晰的系统轮廓描述，使读者了解到该系统方案是作者经过分析、筛选、评估而设计出的相对优化、合理的方案。

(6) 第3章软件设计说明：该章为软件文档资料之一，也是毕业设计说明书中不可缺少的内容，内容和格式可参照"软件设计说明书"一节。

(7) 第4章系统实现中采用的关键技术，要从专业领域、软件编程两个方面论述所采用的关键技术、先进技术，介绍创新点和特色。

(8) 第5章项目开发总结：该章既是软件文档资料之一，又是毕业设计说明书中不可缺少的内容，内容和格式同样参照"项目开发总结"一节。

(9) 参考文献。

(10) 指导教师评语表：由指导教师在评阅人评阅之前根据学生实际完成课题的情况认真填写。对学生综合运用专业知识的能力、分析问题和解决问题的能力，编程上机能力、外文翻译水平，以及说明书是否达到任务书所规定的要求等做出评价，并给出成绩，交答辩委员会秘书备用。

(11) 评阅人评语表：由教研室指定的评阅人在答辩之前根据指导教师移交的该生的

全部毕业设计资料,进行认真细致地阅读和审核之后填写。对毕业设计做出评价,并给出成绩交答辩委员会秘书备用。

2) 软件设计说明书

(1) 引言:包括编写目的(说明编写设计说明书的目的,指出预期的读者)、背景(需要说明所开发软件系统的名称,列出该项目的任务提出者、开发者、用户)和定义(列出本文件中所用到的专业术语的定义和外文首字母组词的原词组)。

(2) 总体设计:需要说明本系统主要的输入/输出项目、处理的能力、性能要求;简要说明对本系统的运行环境(包括硬件环境和软件环境)的规定;用列表及框图的形式说明本系统元素;各层模块、子程序、公用程序等的划分,扼要说明每个系统元素的标识符和功能,给出各个元素之间的控制与被控制关系;功能需求与程序的分配关系见表5-3。

表5-3 功能需求与各块程序的分配关系

	程序1	程序2	…	程序 m
功能1				
功能2				
…				
功能 n				

(3) 接口设计:包括用户接口(说明向用户提供的命令和它们的语法结构)、外部接口(说明本系统同外界的所有接口的安排,包括软件与硬件之间的接口,本系统与各支持软件之间的接口关系)和内部接口(说明本系统内的各个系统元素之间的接口的安排)。

(4) 系统数据结构设计:逻辑结构的设计要点(给出系统内所使用的每个数据结构的名称、标识符);数据结构与程序之间的对应关系见表5-4。

表5-4 数据结构与程序之间的对应关系

	程序1	程序2	…	程序 m
数据结构1				
数据结构2				
…				
数据结构 n				

(5) 程序标识符设计说明:包括程序描述(说明设计本程序的目的、意义、程序特点、功能、性能,以及输入项、输出项、限制条件等)和流程逻辑(用流程图辅以必要的说明来表示本程序的逻辑流程)。

3) 软件使用说明书

(1) 引言:包括编写目的(说明编写设计说明书的目的,指出预期的读者)、背景(需要说明所开发软件系统的名称,列出该项目的任务提出者、开发者、用户)和定义(列出本文件中所用到的专业术语的定义和外文首字母组词的原词组)。

(2) 软件概述:包括功能(说明本软件所具有的各项功能以及它们的极限范围)和程序表(列出本系统内每个程序的标识符、编号和助记号)。

(3) 运行环境：包括硬件设备(列出为运行本软件所要求的硬件设备的最低配置)和支持软件(说明为运行本软件所需要的支持软件)。

(4) 安装与初始化：逐步说明为使用本软件而需要进行的安装与初始化过程，包括程序的存储形式，安装与初始化过程的全部操作命令，系统对这些命令的反应和答复，表征安装工作完成的测试实例等。

(5) 运行说明：包括运行步骤(说明完成整个系统的步骤，包括输入、输出数据内容、格式，操作信息等)和运行实例(为系统运行提供实例)。

(6) 出错处理与恢复：列出由软件产生的出错编码或条件，指出为确保再启动和恢复的能力，用户必须遵循的处理过程。

4) 软件测试分析报告

(1) 引言：包括编写目的(说明编写设计说明书的目的，指出预期的读者)、背景(需要说明所开发软件系统的名称，列出该项目的任务提出者、开发者、用户，指出测试环境与实践运行环境之间可能存在的差异及这些差异对测试结果的影响)和定义(列出本文件中所用到的专业术语的定义和外文首字母组词的原词组)。

(2) 测试概要：用表格的形式列出每一项测试的标识符及其测试内容。

(3) 测试结果及发现：包括测试1(标识符)、测试2(标识符)……

(4) 对软件功能的结论：功能1(标识符)包括能力和限制两项。简述该项功能，说明为满足此项功能而设计的软件能力及讲过一项或多项测试已证实的能力；说明测试数据值的范围(包括动态数据和静态数据)就这项功能而言，测试期间在该软件中查出的缺陷和局限性。功能2(标识符)……

(5) 分析摘要：包括能力(陈述经测试证实了的本软件的能力)、缺陷和限制(陈述经测试证实了的本软件的缺陷和限制，说明每项缺陷和限制对软件性能的与影响)、建议(对每项缺陷提出改进建议)和评价(说明该软件的开发是否已达到预定目标，能否交付使用)。

5) 项目开发总结

(1) 实际开发结果：说明最终的成果，包括程序名、文件名、程序量、存储媒体的形式和数量；主要功能和性能要逐项列出本软件成果所实际具有的主要功能和性能，说明原定的开发目标是否达到。

(2) 开发工作评价：包括对成果质量的评价(给出软件可靠性、容错性、安全性等方面的评价)、对技术方法的评价(给出对在开发中所使用的技术、方法、工具、手段的评价)和出错原因分析(给出对于开发中出现错误的原因分析)。

(3) 经验教训和建议：列出从这项开发工作中所得到的最主要的经验和教训、收获与体会以及对软件进行改进和完善的建议和设想。

第 6 章 机械电子工程类毕业设计

机械电子工程，也称机械电子一体化技术，它是将电子技术巧妙地、有效地应用于机械技术中而形成的新的综合技术。在高等工科院校的科研和教学中，比较有代表性的课题有：机械电子一体化产品、机械电子一体化装置、以计算机技术和信息技术为中心的对机械系统或机械生产系统的测控技术等。在毕业设计中，主要课题内容有：新型机械电子产品设计，如数控机床设计、机器人设计等；控制系统设计；控制系统的硬件设计、软件设计；机械系统的测试技术研究；机械加工新技术等。

6.1 机械电子工程类毕业设计的内容和要求

机械电子工程类毕业设计，其选题应当具备先进性，与专业培养目标相一致，符合国家法律规定，本科毕业生在规定时间内可能完成的条件等。应当注意的是对于机械电子类专业的学生，毕业设计题目仍应当立足于"机械"，应当将电子技术应用于机械设计、机械加工设备、机械生产系统中，使机械有一个新的飞跃发展。毕业设计内容与要求应当反映这一基本特征。

6.1.1 基本内容

机械电子工程类毕业设计的基本内容有以下几个方面。

1) 机械设计

现代机械设计，更多地注重功能设计、价值工程、可靠性设计、模块化设计、动态性能设计、美学设计等。设计方法有计算机辅助设计、优化设计、并行工程设计等方法。毕业设计课题只能是其中的一部分，基本内容应当包括机械工程基本理论，数学基本理论，简易力学模型、基本方程，计算机程序设计、运算、运算结果数据处理理论及方法，运算结果分析等。毕业设计中应当注意机械电子一体化产品，着重应用电子技术减少机械零件，简化机械结构，甚至可以实现机械结构所不能完成的许多功能，提高产品的使用性能这一设计思想和设计效果。

2) 机械制造工艺

机械制造工艺包括热加工工艺和冷加工工艺。冷加工工艺有冲压工艺、切削加工工艺、无切削加工工艺、电加工及特种加工工艺等。引入电子技术后的加工设备设计和使用技术是机械电子类毕业设计中的一个重要内容。例如，机器人是典型的机械电子一体化系统，该类型设计是一个大系统的设计，毕业设计往往只能完成其中的一部分。通常是将机械部分与控制部分分开，分别由若干个学生完成。从事机械设计与控制部分设计的学生除了各自完成本身设计研究任务外，均应掌握整体系统的功能要求、使用条件、约束条件、各项性能技术指标，以及达到这些指标的途径，各自所设计研究的部分对以上各种参数的一致性等。机械部分的设计应当反映相应的机械学中有关的基础理论、必要的运动轨迹、运动参数、约束冗余理论。控制部分的设计研究内容应当反映控制系统基本要求、基本组成、基本原理、系统元件参数、布局、可靠性分析及必要的实验方法和实验结果分析等。

3) 测试和控制系统

该类课题一般包括机械电子产品中的测试系统、设计研究中各种装置的测试、控制和监控系统等。这类课题通常都是相当复杂的，其内容涉及控制理论、计算机技术、传感器技术、传递函数数学模型以及状态方程的数学模型等。作为毕业设计题目，每一个学生只能完成其中某一部分。从课题完整性而言，每个学生应当充分了解整个系统的功能、技术要求、约束及系统的组成等。从具体完成的环节而言，应当反映各自研究部分在整个系统中的作用、对系统的贡献、该部分技术要求的拟订原则和拟定结果、达到这些技术指标的措施、该部分的组成、各相邻部分的衔接要求、研制成果的检测验证方案、检测结果及检测数据分析。设计研究内容还应当体现可靠性、实用性、安全性、准确性、可操作性等。

6.1.2 基本要求

机械电子工程类毕业设计基本要求是，学生毕业设计成果应当符合培养目标要求，应当反映学生所在专业的特点。从宏观角度出发，学生的设计内容及成果应反映学生的全面发展，有利于培养学生独立分析和解决问题的能力。

由于课题内容和构成的差别，毕业设计成果的组成和表示方式可以有差别，但必须要求其内容的构成具有完整性和系统性，以便反映学生通过毕业设计之后所取得的具体成果的水平。毕业设计成果的表示方式有研究论文或设计说明书、产品设计或装置设计图纸、技术文件、硬件和软件资料、调试报告、实验设计及实验数据和数据处理等。

机械电子工程类毕业设计具体要求如下。

(1) 反映调查研究能力和成果的内容：翻译一篇一定数量并与课题有关的外文资料，通常应达到 5000 个汉字以上；查阅文献资料，并有简要的摘录，阅读有关文献资料 15 篇左右；现场调查研究及相应的记录。

(2) 反映对课题及研究过程纵深发展中的现象、状况的分析，以便反映学生的独立分析和解决问题的能力。

(3) 必要的图纸设计，包括原理图、系统图、过程图、布线图、装配图、零件图等。通常不少于折合成 A0 图纸 3 张，其中必须具有一张 A1 以上的中等复杂的装配图。图纸均按标准绘制。

(4) 必要的工艺文件。

(5) 设计说明书反映设计过程中的主要内容,如功能分析、材料选择、元件选用、计算等。设计说明书以 20000 字左右为准。

(6) 硬件设计包括设计图纸、组装、调试及相应的分析。

(7) 软件设计包括程序设计和按照软件设计要求的各种文件和资料。

(8) 实验设计和实验过程、实验数据记录和分析。实验系统应当完整,数据记录完整和准确,数据处理和分析应当科学。

(9) 源程序、图纸、数据等不作为设计说明书的内容,仅作为附录。

以下给出一些机械电子工程类毕业设计相关的题名供参考。

(1) 基于单片机的温室大棚智能清洁机的设计。
(2) 自动导引小车(AGV)系统的设计。
(3) 田间杂草的图像识别技术研究。
(4) 液压实验数据采集系统的设计。
(5) 自动控制升降电梯驱动系统设计及控制电路设计。
(6) 4CJK6132 数控车床及其控制系统设计。
(7) 变频调速泵在消防和生活给水系统中的应用研究。
(8) 公交车电子监控系统技术研究。
(9) 液压控制阀的理论研究与设计。
(10) 手动投球机器人控制系统设计。

6.2 机械电子工程类毕业设计的方法与步骤

机电产品传统的定义为:由传动件、动力件、执行件及电气和机械控制组成的产品。随着计算机技术的发展,形成了将机械、电子相结合的机电一体化技术,这一技术提高了机电产品的质量和性能,给传统机电工业带来了巨大变革,出现了机械与微电子技术相结合的一大类产品。理工科院校毕业设计中该类课题占有相当大的比例,并且日趋增长。

6.2.1 机械电子产品的功能设计

1. 机械电子产品的功能要求

机械电子产品的功能要求有如下几点。

1) 精确性要求

提高现有产品的测量精度、机械运动精度、机械电子设备加工精度等,如数控机床、坐标测量机、仿形刀架等。

2) 数字化要求

数字化要求包括将模拟量控制转变为数字量控制,将目视刻度、模拟量仪表转变为数字显示。

3) 智能化要求

智能化要求就是反馈信号及信号处理的要求。例如,由被动测量转为主动测量,由单纯的信息处理转变为具有人工智能的专家系统等。

4）稳定性和可靠性要求

稳定性和可靠性要求包括对环境（温度、湿度）的要求、抗干扰性、使用安全性等。

5）小型化和最优化要求

小型化和最优化要求是指减小产品的质量和体积，优化结构设计，如优化转向机构设计、提高其平稳性、延长使用寿命等。

2. 机械电子产品功能分析

应对机械电子产品的功能做如下分析。

1）可行性分析

在现有技术水平的条件下，提出的性能指标是否可以达到或用最经济的手段达到，应当查阅相应的技术资料、数据进行判断。例如，要求某一参数的测量精度是否超过该测量原理的理论精度极限。

2）必要性分析

分析机械电子产品的使用要求与题目提出的性能要求是否匹配。例如，工作环境空间很大的产品有无必要提出小型化的要求，仪表显示准确方便的视频有无必要都实现数字化显示等。

3）经济性分析

分析在能达到同样效果的情况下实施方案的经济性。对整机而言，应舍弃价格高而不太必要的性能，增加价格低而实用的性能以提高性价比。

对给定的某一机械电子类题目，首要的即是功能要求的分析，它确定了题目的可做性和难度，它是完成全部设计的基础，决定了机械电子产品所有组成部分的要求。

3. 机械电子产品精度设计

机械电子产品精度包括机械和信息传递及处理两大部分，机械部门中有运动机构、动力与传动机构；信息传递及处理涉及传感器，A/D、D/A 转换器，计算机，驱动电路及设备等。

1）机械运动机构

运动机构轴系和导轨副是两个重要部分，轴系可使运动机械部分按给定方向旋转；导轨副是用来实现给定运动轨迹的导向机构，完成给定直线或曲线运动。

2）动力及传动机构

动力件对精度的影响主要有动力部分引起振动影响其他部分精度和动力部分本身参与完成整个机械电子产品的精度要求。传动机构精度，如齿轮传动精度，由齿轮本身误差及安装误差决定，齿轮径向综合误差影响传递运动的精确性，基节和齿形误差影响传动的平稳性，设计中的核心问题是削减空回和消除传动误差，主要方法是用设置可调中心距或加载弹簧消除空回，用整体齿轮消除偏心等。又如螺旋副，用螺旋副螺母位置误差表示，传动精度的主要影响因素是螺纹制造的中径误差、螺距误差、半角误差，设计中采取的主要方法是用误差修正法消除螺距累积误差，用双螺母法消除螺旋副的空回，用弹性螺旋副消除局部误差。

3）传感器精度

传感器是机械电子产品中信息流动的主要环节，传感器的精度是产品总体精度的重要组成部分,因此在精度设计时应当从传感器入手,以进一步确定信息的采集及处理方式,在毕业设计中传感器精度设计有两方面的考虑:第一是研制新型传感器,或提高传感器本身的精度,这类传感器精度设计要进行原理分析、试制、研究适用范围等;第二是把现有传感器应用于机械电子产品。

4) 信号处理精度

设计中要全面考虑整个信号处理过程的误差源,从模拟信号、模/数转换、数字信号处理 3 部分入手。提高信号处理精度的途径主要是方案选择、减小漂移和提高抗干扰性。

5) 精度综合

机械电子产品的总体精度是机械部分和信号处理部分按误差性质的不同进行综合的结果。

4. 机械电子产品的可靠性设计

可靠性是在规定条件和时间内,完成规定功能的能力,它是质量的主要要求。机械电子产品可靠性设计的核心是减少故障和及时修复。可靠性又可分为性能可靠性和结构可靠性。在机械电子产品设计任务书中,必须对产品提出必要的可靠性要求。可靠性要求包括故障率、寿命、维修性和可用性等,大体上分为定性的与定量的两大类。

1) 可靠性的定性要求

产品有一些可靠性要求属于定性的,如维修性是产品可靠性的一个重要组成部分。设计良好的维修性应当达到一些定性要求,如有良好的维修空间(机器的大小、松紧螺栓的空间等);较高标准化程度(使用标准件的百分比等);产品有防差错的识别标记(重要零部件的编码设置等);保证维修安全(高温、高压、腐蚀性的部位应用标志等);检测路线明朗、迅速、简便;较低的维修费用等。

2) 可靠性的定量参数的要求

产品要有定量参数的要求:有效性相关的参数(平均修复时间等);与产品完成规定任务相关的参数(平均使用寿命等);与产品保养有关的参数(维修周期等);与产品维修要求有关的参数等(最大修复时间等)。

3) 设计中的一般性步骤

机械电子产品可靠性要求因产品不同而异,其一般性步骤为:采用已经过可靠性验证的零部件或设计(采用经过可靠性验证的工程设计,采用已证明为可靠的标准零件、标准工具、标准测试设备,提高标准化、通用化程度等);采用冗余技术,给机械件、电子元件一定的安全系数(轴承、电机、液压件等);充分考虑机械电子产品在环境中的工作状态(耐腐蚀性、密封性、抗震抗干扰、耐热防老化等);安全保险措施(应急报警、人身及设备的防护等);提供设备的故障自检措施;对多因素可靠性设计应用数理统计方法进行定性和定量分析。

6.2.2 机械电子产品的总体设计

1. 总体方案设计

机械电子产品的总体方案设计包括功能分析、资料积累、综合研究和方案比较确定,其一般设计流程如图 6.1 所示。

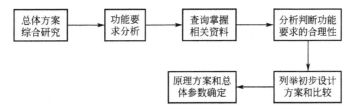

图 6.1 机械电子产品总体方案一般设计流程

"汽轮机叶片间距动态测量仪"的方案设计。

分析如下。

1) 用途

汽轮机叶片间距动态测量仪用于测量高速旋转叶片边缘在不同转速下的间距。

2) 使用指标

边缘线速度 400m/s 时,间距测量误差小于 0.1mm。

3) 分析

第一,通过功能分析可知,该产品最重要的要求是精确性和可靠性,又由于汽轮机的结构限制,探头小型化也是必需的,而数字化易于实现。

第二,经查询未见同类产品,故该题属创新型。查出两项有价值的相关报导:一是高速摄影法能达到精度为 1mm,二是光纤组合探头测量转动轴扭转量。

第三,从汽轮机静态、动态参数分析认为功能要求可行,其必要性在于为汽轮机的设计提供可靠的实测数据。

第四,该产品由信号采集和处理两部分组成,因此总体方案的确定就是确定这两部分的形式。传感器的形式是由被测对象决定的,透射式探头的发射与接收装置相对位置不动,信号幅值稳定,可靠性强,但往往受到结构安装条件的限制;反射式探头因反射面位置的变化造成发射与接收装置相对位置的变化,甚至会丢失接收信号;漫反射式接收可获得较高的可靠性,但要求的耦合能量强;此外,此测量还要求一定的工作距和探头移动灵活性,综合考虑上述内容,比较各种方案,即可选出漫反射式光纤耦合+激光光源的探头方案,再根据速度要求可确定为高响应速度、高灵敏度的信号处理器。

2. 技术指标设计

技术指标的确定是在总体方案确定的基础上进行的,首先把已确定的总体参数划分为分系统技术指标。分系统技术指标一般划分为机械设计技术指标、光学设计技术指标、电路设计技术指标、传感器设计技术指标、智能化设计指标。

分系统技术指标确定步骤无固定的格式,下述只是通常采用的几种方式。

(1) 按系统工作过程的次序逐一确定。

(2) 按系统精度传递过程逐一确定。

(3) 按系统中技术指标的重要性逐一确定。

3. 动力与传动设计

传统动力源是交/直流电动机加上电气控制系统。传统的传动系统包括变速传动系统和内联系传动系统。随着计算机的发展，伺服电动机和伺服机械传动系统日益完善，大大缩短了机械电子产品中传动链的长度，减少了传动链的数量，简化了机构，使动力件、传动件和执行件向一体化发展。

1）选择动力和执行元件的一般流程

动力部分的设计，实质上是根据总体设计方案对动力和执行元件的选择，以电动机为例，一般流程如图6.2所示。

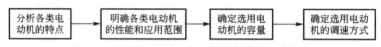

图6.2 电动机选择动力和执行元件的一般流程

2）传动部分的设计

根据总体设计要求应使其具有所需要的各种运动，总体设计要求有：一定变速范围的运动、严格传动比的运动、按控制指令的运动。传动系统动力学性能设计应从如下几个方面考虑。

（1）负载的变化：合理选择电动机和传动链，使其与工作负载、摩擦负载的变化相适应。

（2）传动链惯性：研究传动的启停特性、控制的快速性、位移和速度的偏差受惯性的影响程度。

（3）传动链固有频率：分析传动精度和系统谐振。

（4）间隙、摩擦、润滑和温升：分析传动平稳性和传动精度。

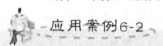应用案例6-2

"伺服传动系统设计"的一般流程。

分析如下。

伺服传动系统设计的一般流程如图6.3所示。

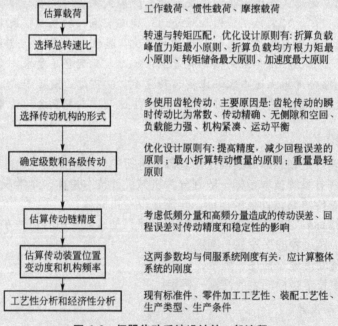

图6.3 伺服传动系统设计的一般流程

6.2.3 机械电子产品的结构设计

1. 机械电子产品部件设计

部件是可以完成一定功能的整体,部件的设计既是独立的,又是统一的,部件设计的方案有一定的选择性,同时又要满足整体设计的功能要求,使该部件的精度满足整体精度的分配,使该部件的大小限制在整体设计给定的空间内,使该部件的设计方案与整体设计方案相协调。

部件设计的一般流程,如图6.4所示。

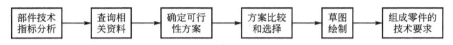

图6.4 部件设计的一般流程

应用案例6-3

"读数测微部件"的设计。

分析如下。

1) 部件要求

读数角误差为 $0.5''\sim1''$,线误差为 0.002mm,用于大型工具显微镜工作台纵横读数。

2) 查现有读数部件的形式

(1) 测微器按精度分为低、中、高3类。精度分别为 $0.1\sim0.2$mm,$0.01\sim0.02$mm,$0.001\sim0.002$mm。因此,该部件属高精度测微器。

(2) 现有高精度测微器设计原理有如下几种。

① 机械式:利用机械结构对微小尺寸进行细分读数,如丝杆测微器。

② 光学式:利用光学放大原理,把标准器上的刻线间隔通过光学系统放大到分划板上,经测微器细分读数。

③ 数字式:利用光栅或光电码盘将光信号转换成电信号,对电信号细分,实现数字输出显示。

3) 查现有的设计

查光学游标读数装置、带尺读数装置、斜尺读数装置、阿基米德螺线读数装置、平板摆动式读数装置、透镜测微读数装置、直读式光栅读数头测微装置、分光式读数头测微装置、调相式读数头测微装置、镜像式读数头测微装置、丝杠测微器。

4) 分析确定方案

大型工具显微镜多用于一般使用环境下中高精度的测量,纵横两层工作台结构紧凑,宜于采用结构尺寸较小的测微器,又因为大型工具显微镜整体是机械光学设计,光路简单,不宜再加入其他光路,故选用机械式丝杠测微器。

5) 根据部件设计方案给出各组件设计的技术要求

(1) 如丝杠螺母副的参数如下。

① 丝杠的直径:考虑结构、刚度、耐磨性和稳定性。

② 丝杠的长度：考虑工作台的行程、丝杠长径比。
③ 螺母的长度：应为 1.5～2 倍的丝杠直径。
④ 螺母的结构：考虑间隙、位移精度、耐磨性。
⑤ 丝杠螺母副：考虑消除空回。
(2) 如鼓轮刻线和刻尺刻线：刻线均匀度，刻线间隔误差，积累误差。
6) 完成部件设计图和零件设计图

2. 产品造型设计

机械电子产品的造型设计是贯穿产品设计全过程的，它涉及美学、人机工程学、制造工艺学、市场营销等多方面的知识，属于技术美学的范畴。新颖的艺术造型有利于正确地体现产品功能的合理性、内外质量的统一性和技术的先进性。当前高等学校中纯产品艺术造型的毕业设计题目虽然较少，但是，几乎每个机械电子产品都要考虑造型的问题。

应用案例6-4

下面为艺术造型的一般设计内容和步骤。
分析如下。
1) 产品更新换代过程中的造型设计内容与步骤
(1) 内容。研究符合时代性要求的改型设计方案；审查产品功能有无转化，全面了解科技发展的新成果，研究采用新材料、新工艺、新技术的可能性，观察大众审美观的变化，研究造型时代性的一般规律，把握时代的脉搏。
① 统一线型风格：把无序或零乱的结构线型，进行规整划一，并按功能性要求选用适当线型，使其符合艺术造型原则。
② 比例尺度调整：在保证一定结构的前提下，将各部分尺寸适当调整，使其符合常用比例及人机工程学的原则。
③ 产品色彩设计：依据产品造型色彩设计原则，重新考虑色彩配置，更新产品面貌，增强效果。
④ 装饰件设计：面板设计、标牌设计、铭牌设计，要求达到使用要求的同时，满足人机工程学的要求。
⑤ 协调整体风格：选用相同风格的手轮，手柄，开关，按钮等配件。
⑥ 恰当处置辅助装置，如照明、配电、防护等。
(2) 步骤。绘制造型改进方案图和总体布局图；绘制若干改型的效果图；分析比较改进方案，写出设计报告，分析经济效果和艺术效果。确定改型方案，给出各局部的图纸。
2) 新产品开发造型设计的步骤
新产品的设计自始至终包含造型设计的内容，其步骤是与整体设计相联系的，其一般流程如图 6.5 所示。

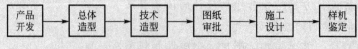

图 6.5 新产品开发造型设计的一般流程

6.2.4 机械电子产品的控制系统设计

1. 可编程控制器(PLC)控制

PLC是计算机技术、模拟调节技术和继电器控制盘等三大技术的集合，确切地讲是全面采用计算机软硬件技术，完成模拟量调节和开关量逻辑控制功能，同时具有计算机的数据处理和通信功能。

1) 控制系统设计流程

控制系统的设计流程如图6.6所示。

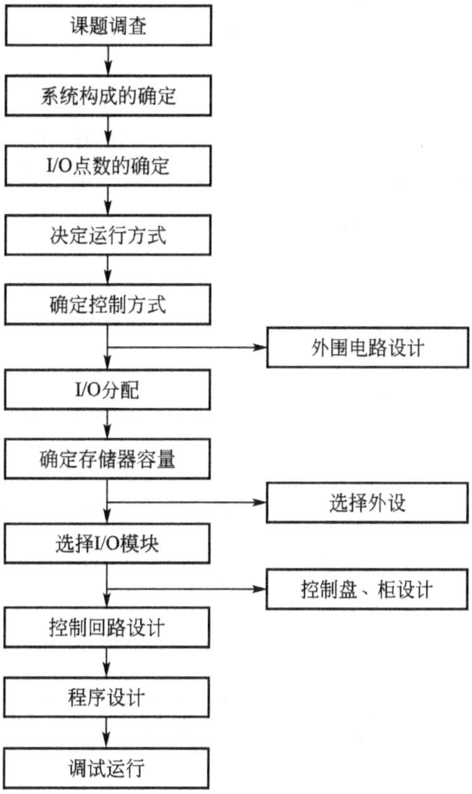

设计控制系统应考虑的因素有6个方面。

(1) 控制规模：决定输入/输出点数。

(2) 控制内容：根据控制的复杂程度决定存储器容量。

(3) 输入/输出设备规格：根据控制对象的电压、电流信号规格，选择输入/输出模块类型。

(4) CPU选择：由存储器容量、输入/输出点数和模块类型、运算功能和运算速度等因素，选择合适的可编程序控制机型。

(5) 控制系统类型：由控制规模、控制内容和控制系统可靠性要求等因素，决定控制系统组态类型。

(6) 系统价格：也是设计控制系统的重要因素。

2) 控制系统的确定

使用PLC可构成多种控制系统，下面简述8种。

(1) 单机控制系统：用一台PLC控制一台被控设备，优点是其输入/输出点数和存储器容量比较小，系统构成简单明确。

图6.6 控制系统的设计流程

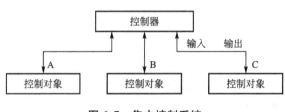

图6.7 集中控制系统

(2) 集中控制系统：用一台PLC控制多台被控设备。这种类型多用于各控制对象所处的地理位置比较接近，且相互间的动作有一定联系的场合，如图6.7所示。采用集中控制系统时，必须注意I/O点数和存储器容量的选择余量大些，以便增设控制对象。

(3) 分散型控制系统：分散型控制系统的构成如图6.8所示。

分散型控制系统适用于多台机械的控制，在各台机械生产线间有数据连接。当它与集中控制系统有相同的I/O点数时，虽多用了几个控制器，使价格偏高，但在维护、试运转及增设受控对象方面增强了灵活性。

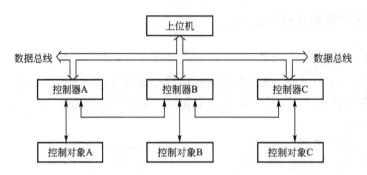

图 6.8 分散型控制系统的构成

(4) 远程控制系统：在该类控制系统中，I/O 模块与控制器不放在一起。它们间通过同轴电缆连接和传递信息，因而该系统适用于受控对象远离集控室的场合。远程控制系统的构成如图 6.9 所示。

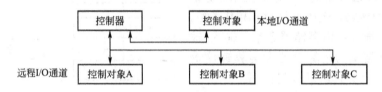

图 6.9 远程控制系统的构成

(5) LOCAL 控制系统：主控制器与各就地控制器通过同轴电缆连接。就地控制器的功能是执行控制任务，并将控制信息送给主控制器。主控制器接收各就地控制器的信息后，进行管理性质的综合控制，而不直接控制对象，如图 6.10 所示。

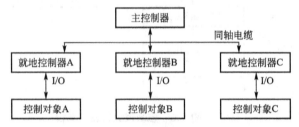

图 6.10 LOCAL 控制系统的构成

(6) 网络控制系统：若用计算机作为主控制器，用高速数据通信通道作为就地控制器系统的连接线路，则就地控制系统就变成网络控制系统。该系统主要用于大规模的控制场合。

(7) 冗余控制系统：适用于要求生产不间断、人工无法干预和维护时间短的场合。

(8) 混合控制系统：在实际应用中，往往是上述几种方案的混合。

3) 控制系统设计的经济性要求

(1) PLC 的选用：PLC 的价格与其性能关系密切，如其控制能力、存储器容量、可提供的点数、扫描速度等因素，都直接决定其销售价格。

(2) I/O 模块的选用：低压输入模块比高压的便宜；直流比交流的输入模块便宜；小功率的输出比大功率的便宜；非绝缘模块比绝缘的便宜等。

(3) 减少点数可以降低价格。

4) 控制方式的设计

使用 PLC 构成控制系统时，除 PLC 外还需外围电路。

5) 程序控制方式的设计

根据 PLC 的功能和模块的组合，有以下 10 种程序控制功能及方式。

(1) 代替普通继电器的顺序控制。

(2) 按移位寄存器方式进行步进控制顺序控制。

(3) 进行定时器的时序控制。

(4) 进行计数器的计数控制。

(5) 按高速计数器进行计数测量和位置控制。

(6) 根据模拟输入/输出信号进行控制。

(7) 根据模拟信号的输入进行测量控制。

(8) 用位置控制模块进行高速高精度的位置控制。

(9) 根据模拟输出信号进行温度测量和速度控制。

(10) 用数据指令进行数值处理参数控制等。

6) 控制系统的可靠性设计

由于 PLC 是直接用于工业控制的，它必须在恶劣的环境下可靠地工作，故应考虑温度、湿度、振动和冲击、电源、环境诸方面因素的影响。

控制系统可靠性设计有如下几个方面。

(1) 环境技术条件设计。

(2) 冗余设计：为保证可靠性，除选用可靠性高的 PLC 外，冗余设计是提高可靠性的有效措施。

(3) 供电系统设计：供电系统的设计直接影响控制系统的可靠性，因此设计供电系统时应考虑输入电源电压允许在一定范围内变化；当输入交流电断电时，应考虑不破坏控制器程序和数据；在控制系统不允许断电的场合，要考虑供电电源的冗余；当外部设备电源断电时，应不影响控制器的供电；要考虑抗干扰措施。

7) 控制系统的抗干扰设计

控制系统的抗干扰设计应主要从以下几个方面考虑。

(1) 抗电源干扰措施：使用隔离变压器将屏蔽层更好地接地，对抑制电网中的干扰信号有较好的效果；使用滤波器，可在一定频率范围内抗电网干扰作用；采用分离供电系统。

(2) 控制系统接地设计：控制器和控制柜盘与大地之间存在电位差，良好的接地可减少由于电位差引起的干扰电流；混入电源和信号线的干扰，可通过接地线引入大地，从而减少干扰的影响；良好的接地可防止由漏电产生的感应电压。

(3) 防 I/O 信号干扰：不同性质的 I/O 模块抗干扰能力不同。在设计时，应根据实际情况采用相应的抗干扰措施。

(4) 防外部配线干扰：为防止或减少外部配线的干扰，可采取交流 I/O 信号与直流 I/O 信号分别使用各自的电缆的方法。

2. 工业微机控制

工业微机控制系统的硬件包括微处理器、内存储器、以 A/D 与 D/A 为核心的模拟量输入输出通道、I/O 及人-机联系设备、运行操作台等几部分。它们通过微处理器的系统总线构成一个完整的系统。图 6.11 为微型机控制系统硬件图。

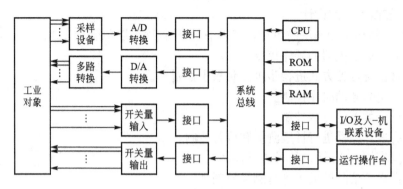

图 6.11　微型机控制系统硬件图

1) 微型机控制系统设计的一般步骤

首先，在进行控制系统设计之前，必须对被控对象的工作过程进行深入的调查、分析，确定系统所要完成的任务，并用时间和控制流程图来描述控制过程和控制任务，完成设计任务说明书，作为整个控制系统设计的依据。

在设计任务明确后，应对系统所需的硬件做出初步的估计和选择。对控制系统的核心——微处理器，可以从如下几方面考虑是否符合控制系统的要求。

（1）字长：微处理器的字长会直接影响数据的精度、指令数目、寻址能力及执行操作的时间。

（2）寻址范围和寻址方式：微处理器地址码长度反映了它可寻址的范围。寻址范围表示系统中可存放的程序和数据量，用户应根据系统要求，选择与寻址范围有关的、合理的内存容量。

（3）微处理器的速度：微处理器的速度应与被控制对象的要求相适应。

（4）中断处理能力：在控制系统中，中断处理往往是主要的一种输入/输出方式。微处理器中断能力的强弱往往涉及整个硬件系统及应用程序的布局。

当选用微处理器及控制方案后，就要建立控制对象的数学模型。然后确定系统总体方案，包括以下内容。

（1）估计内存储器容量，进行内存分配：内存容量主要根据控制程序量和堆栈的大小来估计，并要考虑到是否需外存、内存容量能否方便地扩充及过程通道和中断处理方式的确定。

（2）中断方式和优先级：根据被控对象的要求和微处理器为其服务的频繁程度来确定。用硬件处理中断响应速度快，但需配备中断控制部件。

（3）系统总线的选择：对于选用标准微机的设计人员，主要工作是进行输入/输出接口的设计及存储器的连接与扩充。

2) 微型机控制系统的硬件设计

微型机控制系统的硬件设计包括以下几个方面。

（1）接口电路：合理选用可编程通用并行接口、串行接口以及键盘、显示器与微型机的接口。

（2）输入/输出通道：模拟输入通道一般由信号处理、多路转换器、放大器、采样保持器和 A/D 转换器组成如图 6.12 所示。模拟量输出通道主要是 D/A 转换器。

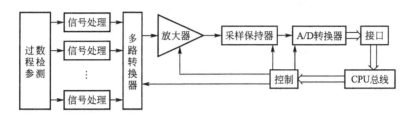

图 6.12 模拟量输入通道一般组成

(3) 逻辑电路：硬件部分有数据锁存器、译码器及各种逻辑电路，如各种逻辑门及触发器等。

(4) 操作面板：操作台主要完成的功能是应用一个显示屏幕或荧光数码显示器，以及显示操作人员要求显示的内容或报警信号；要有一组或几组功能按键(或按钮)，完成申请中断等功能，要有送入数字的按键，用以送入数据或修改控制系统的参数。

(5) 常规外设：按功能分为输入设备、输出设备和外存。常用输入有键盘，输出有打印机、记录仪及显示器。

3. 产品设计中的图形、文字、数字显示

产品的数字显示可选用 LED(发光二极管)显示器。CRT(阴极射线管)显示器可用来显示字符和图形。

1) 一位 LED 显示器接口

只需在 LED 与计算机间加一个 8 位锁存器。

2) 多位显示器接口

现给出一 8 位动态 LED 显示器接口，原理如图 6.13 所示。为节省 CPU 本身的并行口，扩展一个 8155 并行接口，然后再与 8 位 LED 数码管连接。数码管的数位扫描信号由 8155 的 A 端 $PA_0 \sim PA_7$ 提供，字段信号由 8155 的 B 端口输出。

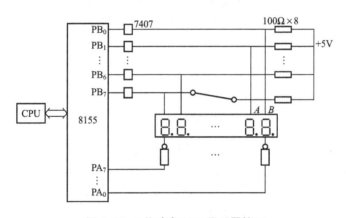

图 6.13 8 位动态 LED 显示器接口

3) CRT 显示器接口

CRT 显示器可用来显示字符与图形。CRT 终端可分为字符终端和图形终端两类。图形终端也能显示字符，其功能比字符终端强，它与计算机串接。

在应用系统中与 SCIB 接口板的硬件连接，相当于扩展一个并行接口。由于 SCIB 接口板的输入口使用了8155并行接口芯片,因此,MCS-51单片机与SCIB接口板的连接方法和8155芯片扩展I/O的接法完全一致。

6.2.5 机械电子产品的计算机程序设计

1. 应用程序设计

应用程序设计基本步骤如图6.14所示。

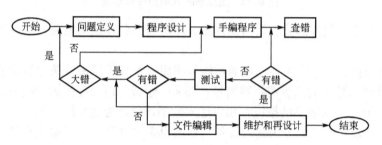

图6.14 应用程序设计基本步骤

其中,问题定义是确定控制任务对微型机控制系统的要求,它包括定义输入/输出、处理要求、系统具体指标(如执行时间、精度、响应时间等)及出错处理方法等;程序设计中要用到流程图和模块程序、自顶向下设计及结构程序等设计技术;手编程序是指将设计框图变成指令,查错可以利用如:查错程序、断点、跟踪、模拟程序、逻辑分析器及联机仿真器等手段;测试时应选择正确的测试数据和测试方法。

2. 程序设计技术

若程序较小且简单,则仅绘制流程图即可;当程序较大而且复杂时,则会用到模块程序、自顶向下程序等设计技术。模块设计是将整个程序分成若干个小的程序或模块,在分别独立进行设计、编程、测试和查错后,最终装配在一起连成一个大的程序。程序模块通常是按功能划分的。

自顶向下程序设计是先从系统一级的管理程序(或主程序)开始设计,从属的程序或子程序用一些程序标志来代替。当系统的一级程序编好后,再将各标志扩展成从属程序或子程序,最后完成整个系统的程序设计。

3. 常用应用程序设计方法

1) 数字滤波方法

微型机控制系统中的常态干扰,可用数字滤波方法予以削弱,所谓数字滤波实质上是一种程序滤波。由于数字滤波可对频率很低的信号实现滤波,克服了模拟滤波器的缺陷,而且通过改写数字滤波,可实现不同的滤波方法或改变滤波参数,比模拟滤波器的硬件改变灵活。图6.15是算术平均值法程序流程图,该图体现了数字滤波算法的优越性。

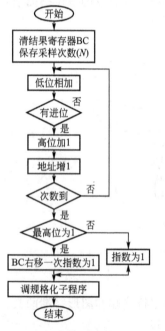

图6.15 算术平均值法程序流程图

此外,数字滤波还有中值滤波法、防脉冲干扰平均值法、惯性滤波法、程序判断滤波等。

2) 线性化处理

计算机从模拟输入通道的有关现场信号与该信号所代表的物理量不一定有线性关系,这时需要计算机将非线性转换为线性的关系。

3) 测量值与工程量转换

微机控制系统在读入被测模拟信号并转换成数字量后,往往要转换成操作人员所熟悉的工程值,这种转换也称为标度转换。

4. 工程量转换常用的 3 种类型的公式

1) 线性值公式

这种标度转换的前提是参数值 A/D 转换结果之间呈线性关系。若输入信号为零,A/D 输出值不为零,则变换为

$$Y = (Y_{max} - Y_{min})(X - N_{min})/(N_{max} - N_{min}) + Y_{min} \tag{6-1}$$

式中:Y 为参数测量值;Y_{max} 为参数量程终点值;Y_{min} 为参数量程起始值;N_{max} 为量程终点对应的 A/D 转换后的值;N_{min} 为量程起点对应 D/A 的转换后的值;X 为测量值对应的输出采样值(数字滤波输出)。

2) 开方值转换公式

若测量得到的信号的平方根为实际所要的量,则在工程量转换前要进行开方处理,这时流量公式为

$$Y = (Y_{max} - Y_{min})(X - N_{min})/(N_{max} - N_{min}) + Y_{min} \tag{6-2}$$

3) 热电偶与电阻公式

若计算机收到的输入是热电势,为将其转化成温度量纲,通常采用

$$Y = aX + b \tag{6-3}$$

式中:a、b 为已知的常数。

程序流程图如图 6.16 所示。

5. 计算机控制的程序设计

程序设计步骤归纳如下。

1) 分析问题

分析问题就是要把解决问题所需条件、原始数据、输入和输出信息、运行速度要求和结果形式等搞清楚。

2) 建立数学模型

建立数学模型就是将问题数学化、公式化。

3) 确定算法

4) 绘制流程图

5) 内存空间分配

6) 编制程序与静态考查

编制程序时应首先关心程序结构,它应是模块化、通用子程序化,程序结构要层次简单、清楚、易维护。

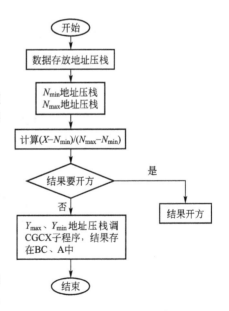

图 6.16 测量值与工程值转换程序图

7) 程序调试

控制程序的类型很多,有判断程序、巡回检测程序,以及在前面用程序中介绍的数字滤波程序及标度转换程序等。另外,还有显示程序、定时程序、键盘控制程序、电动机控制程序、步进电动机控制程序等。

应用案例6-5

以计算机控制步进电动机为例讨论控制程序的设计。

分析如下。

控制程序的主要任务是:①判断旋转方向;②按顺序传送控制脉冲;③判断所要求的控制程序是否传送完毕。即首先要进行旋转方向的判别,然后转到相应的控制程序。正反向控制程序分别按要求的控制顺序输出相应的控制模型,再加上脉冲延时程序即可。脉冲序列的个数可以用一个寄存器作为计数器。对于拍数较少的程序,控制模型可以以立即数的形式一一给出。当拍数多时,可采用循环程序逐一从单元中取出控制模型并输出。

图 6.17 为三相六拍控制程序流程图。在方向标志中,控制标志单元为 1 时表示正转,当标志单元为 0 时表示反转。拍数已存在 COUNT 单元内,方向标志在 FLAT 单元内。B 寄存器所存的初值即拍数。

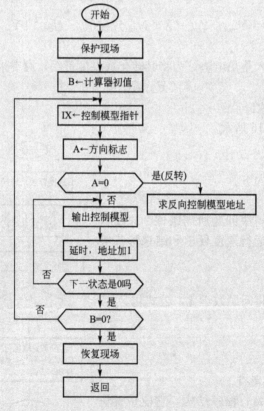

图 6.17 三相六拍控制程序流程图

第 7 章 毕业设计修改及答辩

7.1 毕业设计的修改

宝剑锋从磨砺出，文章精需修改得。古往今来，凡有成就的作家，没有不重视文章修改的。大学生在写毕业论文时也应如此，论文必须进行多次修改。

7.1.1 毕业设计修改的必然性

毕业设计要求大学生运用所学过的知识，理论联系实际，来阐述改革开放和现代化建设中一些带规律性的认识。毕业设计是反映作者对客观事物的认识的，而客观事物是丰富多彩、曲折复杂的，认识它不容易，反映它则更困难。这种困难一方面来源于客观事物本身的内部矛盾有一个逐渐暴露过程，它的发展是曲折复杂的；另一方面这种困难来源于人的认识要受到各种主、客观条件的制约，在认识过程的各个阶段中稍有疏忽，就容易出现片面性和主观性。

例如，毛泽东在《反对党八股》中指出："文章是客观事物的反映，而事物是曲折复杂的，必须反复研究，才能反映恰当；在这里粗心大意，就是不懂得做文章的起码知识。"

人们对研究对象的认识有个由现象到本质、由片面到全面、由不够深刻到比较深刻的过程；而且人们对研究成果的反映也有个由不够准确、恰当，到比较准确、恰当的过程。写论文就是对研究成果的反映，在从不够准确、恰当到比较准确、恰当的转变过程中就必然有一个修改的环节。

大学生写毕业论文的过程，从本质上说是一个认识过程，它包括由客观事物到人的主观认识的"意化"过程和从主观认识到书面表现的"物化"过程。在意化过程中常常出现"意不符物"，即主观认识未能完全、正确地认识客观事物；而在物化过程中又容易发生"词不达意"，即写成的文章不能完整、准确地反映作者的观点。因此，在写论文过程中，多一次修改就多一次认识；多一次修改就前进一步，至少可以减少失误和克服不足。

7.1.2 毕业设计修改的几个阶段

毕业设计修改从形式上看是写作的最后一道工序，是文章的完善阶段，但是从总体来看，修改是贯穿整个写作过程的。毕业论文写作一般可分为 4 个阶段，在每一个阶段都应该加强修改工夫。

(1) 第一阶段，酝酿构思中的修改。

毕业论文在动笔之前，要酝酿构思打腹稿，修改就要从这里开始。如确立中心、选择题材、布局谋篇等，都要经过反复思索，有分析也有综合。这不落笔端的修改，却决定着通篇的成败，腹稿改得好，写起来就少走弯路。如果确定了一个严密的提纲，搭起一个好架子，文章结构就不会有大变动。所以动笔前一定要深思熟虑，不要信笔写来再作大的修改。

(2) 第二阶段，动笔后的修改。

落笔以后就进入细致的思索过程，形象思维与逻辑思维交用，有事理的推断，形象的探索，层次的划分，段落的衔接，句式的选检，词汇的斟酌、推敲。各方面都可能经过反复分析、对比、抉择，在改换取舍一些词语、句式、层次、段落之后完成初稿。这就是边写边改，边改边写的阶段。

(3) 第三阶段，初稿后的修改。

全文完成之后，要逐字逐句，逐层逐段地审读，作通盘的修改。在修改中不仅要酌字斟句，还要考虑材料取舍、层次安排、结构组织、中心的表达等。

(4) 第四阶段，在指导老师指导下修改。

指导老师审阅后，对草稿的优点给予肯定，并指出全文的不足。作者在听取指导老师的评讲后，要进一步发现自己文中的优缺点，研究要透彻，领悟要深刻，然后重新考虑修改。这时候的修改并不是一两次能结束的，修改的难度也比原先增大了。但是，如果改好了，文章水平可以有显著的提高。

7.1.3 毕业论文修改是提高写作能力的重要途径

(1) 毕业论文的写作是一种写作能力的锻炼和综合能力的训练。

要提高写作能力，既要多写，更要多改。善作不如善改，文章是改出来的。有不少大学生思路敏捷，写东西也比较快，但是由于不重视文章的修改，推敲和琢磨较少，写成的文章往往结构比较松散，词句重复啰嗦，错别字也较多，因而写作水平提高不大。应该把修改看作是写作过程的一个重要阶段。学习怎样修改文章，也是写作的一种基本训练，而且是更有效的训练。从某种意义上说，会不会写文章，可以用会不会修改来衡量。只有到了会写也会改的时候，才可以说具有一定的写作水平和能力。

(2) 修改论文是培养严谨的治学态度和良好学风的需要。

写文章是给别人看的，会对社会产生一定的影响。因此，作者必须抱着对读者对社会的高度负责的精神认真修改论文。认真修改论文，严格把关，这是一种严谨的科学态度和治学态度。鲁迅说过："写完后至少看两遍，竭力将可有可无的字、句、段删去，毫不可惜。"

7.1.4 毕业论文修改的几个方面

毕业论文修改主要从以下几个方面进行。

1) 毕业论文的题名的修改

标题应简明、具体、确切，概括文章的要旨，符合编制题录、索引和检索的有关原则，并有助于选择关键词。科技论文写作规定：中文题名一般不宜超过 20 个汉字；外文（一般为英文）题名应与中文题名含义一致，一般以不超过 10 个实词为宜。尽量不用非公知的缩略语，尽量不用副标题。大学生们要仔细斟酌毕业论文的题目，尽量避免如"一种……的方法"或"基于……的研究"等套路的题目。

2) 摘要的修改

按照研究的目的、方法、结果和结论四要素补充修改中英文摘要，对背景材料不要交代太多，但结果和结论要尽量详细，应包括重要数据。

3) 关键词的修改

为便于检索，毕业论文关键词一般列 3~8 个，主要关键词一般包含在题目、摘要、子标题、正文里，应正确选取并核对无误。中英文关键词应完全一致。

4) 引言的修改

毕业论文引言的修改要参阅近年已发表的相关论文，特别是作者曾发表在拟/已投稿期刊的相关论文，补充修改引言，简要综述国内外研究现状，交代该毕业论文的研究背景，分析前人研究的优缺点以及与本研究的关系，国外的应用情况如何，本研究的着眼点和特点在哪里，有何创新。按照毕业论文的格式在论文中引用之处标引（不要标注在标题上）和文后著录参考文献，把参考文献补充到毕业论文所要求的篇数以上。建议采用第三人称，不要用第一人称。

5) 材料与方法的修改

若毕业论文的材料与方法交代不清楚，应补充详细，交代方法步骤和使用材料的规格，使实验具有可重复性。

6) 结果与分析的修改

加强对实验结果与应用效果的分析。不能堆砌或罗列图表数据，应通过比较、分析、解释、说明、统计、判断、推理、概括等方法，采用统计分析技术和定性与定量综合法，从数量的变化中揭示事物的本质属性。归纳出数据所反映出的规律性的东西，使结论水到渠成。在统计图表上出现过的事实，没有必要再用文字重复叙述，只要指出这些数字所说明的问题即可。结论是对研究所收集的事实材料的客观归纳，应以事实与数字为主，文字叙述简洁明了、结论明晰准确。切忌以偏概全，夸夸其谈，任意引申发挥，妄下结论。总之，毕业论文的结论部分需要如实概括文章的研究成果。表述应该精练，最好分条陈述，条理清楚。讨论应该置于"结果与讨论"中。

应用案例7-1

下面为某高校对外贸易系的一名学生的论文经过前后修改后指导老师的评语，读后有何启示？

初稿评语如下。

论文涉及的内容对跨国公司内文化冲突的解决有一定的指导意义。论述比较充分，条理比较清晰。在东西方文化的对比中，作者举了很多有趣的例子，但对近在眼前的中国的例子却很少列举。东方文化的例子多取自日本文化，这是一个很大的缺陷。文章层次分得过细是另一个缺点，几乎一个自然段一层，如不仔细看反而更令人糊涂。在打印格式、拼写、用词上有不少错误，特别是论文的后半部分。参考文献部分尚缺出版社地点。

再稿评语如下。

在一稿的基础上有较大改进。主要的问题多已解决。特别是一稿中分层太细、缺少中国文化例证等缺点。语言上的错误纠正了许多，但仍有上次指出的错误没有更正，如course、cause 不分等。参考文献的排列也还存在一些小问题。引言部分还是没有标明出处。

定稿评语如下。

论文结构完整，各部分基本符合英语论文的写作规范。作者试图从东西方文化对比的角度分析跨国公司内的文化冲突并寻找解决的途径。为了写好这篇论文作者显然查阅了大量的资料，论述比较充分，条理也很清晰。遗憾的是，由于作者本人没有跨国公司的工作经历，也没有去跨国公司作相应的考察，因此，她的论述只能基于阅读中获得的二手资料，而所谓东方文化又多以日本的资料为代表，要解决人们更为关心的在华跨国公司内的文化冲突问题，读者更需要的则是东西方文化的对比，这方面作者虽然在以后各稿中补充了一些，但仍显不足。

7.2 毕业设计的答辩

7.2.1 毕业设计答辩的目的和意义

1) 毕业设计答辩的目的

毕业设计答辩的目的，对于组织者(校方)和答辩者(毕业论文作者)是不同的。

校方组织毕业设计答辩的目的简单地说是为了进一步审查论文，即进一步考查和验证毕业论文作者对所著论文论述到的论题的认识程度和当场论证论题的能力；进一步考察毕业论文作者对专业知识掌握的深度和广度；审查毕业论文是否是学生自己独立完成等情况。

(1) 进一步考查和验证毕业论文作者对所著论文论述到的论题的认识程度和当场论证论题的能力是高等学校组织毕业设计答辩的目的之一。

一般说来，从大学生所提交的论文中，已能大致反映出各个学生对自己所写论文的认识程度和论证论题的能力。但由于种种原因，有些问题没有充分展开详细，有的可能是限于全局结构不便展开；有的可能是受篇幅所限不能展开；有的可能是作者认为这个问题不重要或者以为没有必要展开详细说明；有的很可能是作者不能深入下去或者说不清楚而故意回避了的薄弱环节；有的还可能是作者自己根本就没有认识到的不足之处等。通过对这些问题的提问和答辩，就可以进一步弄清作者是由于哪种情况而没有展开深入分析的，从而了解学生对自己所写的论文的认识程度、理解深度和当场论证论题的能力。

(2) 进一步考察毕业论文作者对专业知识掌握的深度和广度是组织毕业设计答辩所要达到的目的之二。

通过论文，虽然也可以看出学生已掌握知识面的深度和广度。但是，撰写毕业论文的主要目的不是考查学生掌握知识的深度和广度，而是考查学生综合运用所学知识独立地分析问题和解决问题的能力，培养和锻炼学生进行科学研究的能力。学生在写作论文中所运用的知识有的已确实掌握，能融会贯通地运用；有的可能是一知半解，并没有转化为自己的知识；还有的可能是从别人的文章中生搬硬套过来的，其基本含义都没搞清楚。在答辩会上，答辩小组成员把论文中阐述不清楚、不详细、不完备、不确切、不完善之处提出来，让作者当场做出回答，从而就可以检查出作者对所论述的问题是否有深广的知识基础、创造性见解和充分扎实的理由。

(3) 审查毕业论文是否大学生独立完成，即检验毕业论文的真实性是进行毕业设计答辩的目的之三。

撰写毕业论文，要求大学生在教师的指导下独立完成，但它不像考试、考查那样，在老师严格监视下完成，而是在一个较长的时期（一般为一个学期）内完成，难免会有少数不自觉的学生会投机取巧，采取各种手段作弊。尤其是某些开放性大学，学员面广、量大、人多、组织松散、素质参差不齐，很难消除捉刀代笔、抄袭剽窃等不良现象。指导教师固然要严格把关，可是在一个教师要指导多个学员的不同题目，不同范围论文的情况下对作假舞弊，很难做到没有疏漏。而答辩小组或答辩委员会有3名以上教师组成，鉴别论文真假的能力就更强些，而且在答辩会上还可通过提问与答辩来暴露作弊者，从而保证毕业论文的真实性。

对于答辩者（毕业论文作者）来说，答辩的目的是通过、按时毕业、取得毕业证书。学生要顺利通过毕业设计答辩，就必须了解上述学校组织毕业设计答辩的目的，然后有针对性地作好准备，继续对论文中的有关问题作进一步的推敲和研究，把论文中提到的基本素材搞准确，把有关的基本理论和文章的基本观点彻底弄懂弄通。

2) 毕业设计答辩的意义

通过答辩固然是大学毕业生参加毕业设计答辩所要追求的目的，但如果大学毕业生们对答辩的认识只是局限在这一点上，其态度就会是消极、应付性的。只有充分认识到毕业设计答辩具有多方面的意义，学生才会以积极的姿态，满腔热忱地投入到毕业设计答辩的准备工作中去，满怀信心地出现在答辩会上，以最佳的心境和状态参与答辩，充分发挥自己的才能和水平。

(1) 毕业设计答辩是一个增长知识，交流信息的过程。

为了参加答辩，学生在答辩前就要积极准备，对自己所写文章的所有部分，尤其是本论部分和结论部分作进一步的推敲，仔细审查文章对基本观点的论证是否充分、有无疑点、谬误、片面或模糊不清的地方。如果发现问题，就要继续收集与此有关的各种资料，作好弥补和解说的准备。这种准备的过程本身就是积累知识、增长知识的过程。与此同时，在答辩中，答辩小组成员也会就论文中的某些问题阐述自己的观点或者提供有价值的信息。这样，学生又可以从答辩教师中获得新的知识。当然，如果学生的论文有独创性见解或在答辩中提供最新的材料，也会使答辩老师得到启迪。

(2) 毕业设计答辩是大学生全面展示自己的勇气、雄心、才能、智慧、风度和口才的最佳时机之一。

毕业设计答辩会是众多大学生从未经历过的场面，不少人因此而胆怯，缺乏自信心。其实，毕业设计答辩是大学生们在即将跨出校门、走向社会的关键时刻全面展示自己的素质和才能的良好时机。毕业设计答辩情况的好坏影响的不仅是毕业论文的成绩，而且还很可能影响工作分配。大学生们应该努力去拼搏，为自己今后的发展奠定基础，为组织上合理分配自己的工作提供依据。对于在职学习的某些毕业生来说，虽然通过毕业设计答辩来改变工作岗位的机会较少，但它也是人生中一次难得的经历、一次宝贵的体验。所以，大学毕业生们对毕业设计答辩不能敷衍塞责、马虎从事，更不可轻易放弃。

（3）毕业设计答辩是大学生们向答辩小组成员和有关专家学习、请求指导的好机会。

毕业论文尤其是学位论文答辩委员会，一般由有较丰富的实践经验和较高专业水平的教师和专家组成，他们在答辩会上提出的问题一般是本论文中涉及的本学科学术问题范围内带有基本性质的最重要的问题，是论文作者应具备的基础知识，却又是论文中没有阐述周全、论述清楚、分析详尽的问题，也就是文章中的薄弱环节和作者没有认识到的不足之处。通过提问和指点，就可以了解自己撰写毕业论文中存在的问题，作为今后研究其他问题时的参考。对于自己还没有搞清楚的问题，还可以直接请求指点。总之，答辩会上提出的问题，不论作者是否能当场做出正确、系统的回答，都是对作者一次很好的帮助和指导。

（4）毕业设计答辩是大学毕业生们学习、锻炼辩论艺术的一次良机。

在当今社会，人们越来越认识到，能言善辩是现代人必须具备的重要素质。现在的社会是一个竞争的社会，拥有良好的口才更是竞争不可缺少的重要手段。在学校善于人际交往、拥有良好沟通能力的学生，要比一个成绩优秀但不擅长表达自己的学生被聘用的机会多，在社会上成就事业的可能性更大。因此大学生应该抓住每一个学习辩论的机会。毕业设计答辩就是大学毕业生学习、提高辩论技巧和辩论艺术的重要机会。毕业设计答辩虽然以回答问题为主，但答辩除了"答"以外，也会有"辩"。因此，论文答辩并不等于宣读论文，而是要抓住自己论文的要点予以简明扼要的、生动的说明，对答辩小组成员的提问做出全面正确的回答，当自己的观点与主答辩老师观点相左时，既要尊重答辩老师，又要让答辩老师接受自己的观点，就得学会运用各类辩论的技巧。如果在论文答辩中学习运用辩论技巧获得成功，就会提高自己参与各类辩论的自信心，就会把它运用到寻找工作的实践中去，并取得成功。

7.2.2 毕业设计答辩前的准备

毕业设计答辩是一种有准备、有计划的比较正规的审查论文的重要形式。为了搞好毕业设计答辩，在举行答辩会前，学生要作好充分的准备。参加毕业设计答辩的学生，要具备一定的条件。

（1）必须是已修完高等学校规定的全部课程的应届毕业生和符合有关规定并经过校方批准同意的上一届学生。

（2）学生所学课程必须是全部考试、考查及格；实行学分制的学校，学生必须获得学校准许毕业的学分。

（3）学生所写的毕业论文必须经过导师指导，并有指导老师签署同意参加答辩的意见。

以上3个条件必须同时具备，缺一不可，只有同时具备了上述3个条件的大学生，才有资格参加毕业设计答辩。

答辩者(论文作者)在答辩前的准备是非常重要的。要保证论文答辩的质量和效果，关键在答辩者。论文作者要顺利通过答辩，在提交了论文之后，不要有松一口气的思想，而应抓紧时间积极准备论文答辩。答辩者在答辩之前应该从下面几个方面去准备。

(1) 要写好毕业论文的简介，主要内容应包括论文的题目，指导教师姓名，选择该题目的动机，论文的主要论点、论据和写作体会以及本论题的理论意义和实践意义。

(2) 要熟悉自己所写论文的全文，尤其是要熟悉主体部分和结论部分的内容，明确论文的基本观点和主论的基本依据；弄懂弄通论文中所使用的主要概念的确切含义，所运用的基本原理的主要内容；同时还要仔细审查、反复推敲文章中有无自相矛盾、谬误、片面或模糊不清的地方，有无与党的政策方针相冲突之处等。如发现有上述问题，就要作好充分准备(补充、修正、解说等)。只要认真设防，堵死一切漏洞，这样在答辩过程中，就可以做到心中有数、临阵不慌、沉着应战。

(3) 要了解和掌握与自己所写论文相关联的知识和材料，如自己所研究的这个论题学术界的研究已经达到了什么程度，目前存在着哪些争议，有几种代表性观点，各有哪些代表性著作和文章，自己倾向于哪种观点及理由；重要引文的出处和版本；论证材料的来源渠道等。这些方面的知识和材料都要在答辩前有比较好的了解和掌握。

(4) 论文还有哪些应该涉及或解决，但因力所不及而未能接触的问题，还有哪些在论文中未涉及或涉及很少，而研究过程中却接触到了并有一定的见解，只是由于觉得与论文表述的中心关联不大而没有写入等。

(5) 对于优秀论文的作者来说，还要搞清楚哪些观点是继承或借鉴了他人的研究成果，哪些是自己的创新观点，这些新观点、新见解是怎么形成的等。对上述内容，作者在答辩前都要很好地准备，经过思考、整理，写成提纲，记在脑中，这样在答辩时就可以做到心中有数，从容作答。

7.2.3 毕业设计答辩过程

(1) 学生必须在论文答辩会举行前半个月，将经过指导老师审定并签署过意见的毕业论文一式三份连同提纲、草稿等交给答辩委员会，答辩委员会的主答辩老师在仔细研读毕业论文的基础上，拟出要提问的问题，然后举行答辩会。

(2) 在答辩会上，先让学生用 15 分钟左右的时间概述论文的标题以及选择该论题的原因，较详细地介绍论文的主要论点、论据和写作体会。

(3) 主答辩老师提问。主答辩老师一般提 3~5 个问题。学生在听清楚后记下来，如果不明白或对主答辩老师所提的问题有疑问，可以请求老师重复一次，如果对问题中有些概念不太理解，可以请求老师做些解释说明，或者把自己对问题的理解说出来，并问清楚是不是这个意思。总之，务必要把问题弄清楚，并理会其中的要旨和核心，然后按顺序对问题逐一做出回答。根据学生回答的具体情况，主答辩老师和其他答辩老师随时可以有适当的插问。

(4) 学生逐一回答完所有问题后退场，答辩委员会集体根据论文质量和答辩情况，商定通过还是不通过，并拟定成绩和评语。

(5) 召回学生，由主答辩老师当面向学生就论文和答辩过程中的情况加以小结，肯定其优点和长处，指出其错误或不足之处，并加以必要的补充和指点，同时当面向学生宣布通过或不通过。至于毕业设计的成绩，一般不当场宣布。

7.2.4 毕业设计答辩应注意的几个问题

1) 熟悉内容

作为将要参加毕业论文答辩的学生，首先而且必须对自己所著的论文内容有比较深刻的理解和比较全面的熟悉。所谓深刻的理解是对论文有横向的把握，这两方面是为回答答辩委员会成员就有关论文的深度及相关知识面而提出的问题所做的准备。

2) 图表穿插

任何毕业论文，无论是文科还是理科都或多或少地涉及用图表表达论文观点。图表不仅是一种直观的表达观点的方法，更是一种调节答辩会气氛的手段，特别是对答辩委员会成员来讲，长时间地听述，听觉难免会有排斥性，不再对论述的内容接纳吸收，这样必然对毕业论文答辩成绩有所影响。所以，应该在答辩过程时适当地穿插图表或类似图表的其他媒介以提高答辩成绩。

3) 语速适中

进行毕业论文答辩的学生一般都是首次答辩，说话速度往往越来越快，以至答辩委员会听不清楚，影响了答辩成绩。故答辩学生一定要注意在答辩过程中的语速，要有急有缓，有轻有重，不能像连珠炮似的袭向听众。

4) 目光移动

毕业生在论文答辩时，一般可脱稿，也可半脱稿或完全不脱稿。但不管采取哪种方式，答辩的学生都应注意自己的目光，使目光时常地瞟向答辩委员会成员及会场上的人员。这是用目光与听众进行心灵的接触，使听众对论题产生兴趣的一种手段。例如，在毕业论文答辩会上，由于听的时间过长，委员们难免会有分神现象，这时，用目光的投射会很礼貌地将他们的神拉回来，使委员们的思路跟你的思路走。

5) 体态语辅助

虽然毕业设计答辩同其他答辩一样以口语为主，但适当的体态语运用会辅助答辩，使答辩效果更好。特别是手势语言的恰当运用会显得自信、有力、不容辩驳。相反，如果在答辩过程中始终如一地直挺挺地站着，或者始终如一地低头俯视，即使论文结构再合理，主题再新颖，结论再正确，答辩效果也会大受影响。所以在毕业设计答辩时，一定要注意使用体态语。

6) 时间控制

一般在比较正规的答辩会上，都对辩手有时间要求，因此，毕业学生在进行论文答辩时应重视时间的掌握。对时间的控制要有力度，到该截止的时间立即结束，这样显得有准备，对内容的掌握和控制也轻车熟路，容易给答辩委员会成员留下一个良好的印象。故在答辩前应该对将要答辩的内容有时间上的估计。当然在答辩过程中灵活地减少或增加内容，也是对时间控制的一种表现，应该重视的。

7) 紧扣主题

在校园中进行毕业设计答辩，往往辩手较多，因此，对于答辩委员会成员来说，他们不可能对每一位同学的论文内容有全面的了解，有的甚至连题目也不一定熟悉。因此，在整个答辩过程中能否围绕主题进行，能否最后扣题就显得非常重要了。另外，委员们一般也容易就题目所涉及的问题进行提问，如果能自始至终地以论文题目为中心展开论述就会使评委思维明朗化，对论文加以首肯。

7.3 毕业设计成绩评定

7.3.1 毕业设计的评阅工作

毕业论文撰写完成后，交指导教师审阅。指导教师审阅通过后，再印刷装订，并交指导教师填写审阅意见。然后交评阅教师对毕业论文进行评阅，并写出评阅意见。指导教师不能兼任被指导学生的毕业论文评阅教师。

指导教师是学生毕业论文的第一责任人。指导教师应对学生毕业设计的研究过程、论文研究任务完成情况、论文研究方法、论文研究结果、论文的文字表达等做出全面评价。主要从观点是否正确、鲜明；论据是否充分；分析是否全面；结构是否合理；语句是否通顺；有无现实指导意义等方面进行表述。

评阅教师的评语不包含过程评价，方法和结果评价的评语与指导教师评语的要求类似。评阅教师要独立评阅，禁止抄袭指导教师评语。评阅教师同时要负责指导教师评语的符合度。

1. 评定方法

毕业论文的成绩要根据完成任务的情况、文献查阅、文献综述、综合动手能力、论文质量、论文结论的学术价值、论述的系统性、逻辑性和文字表述能力、答辩情况及工作态度、尊师守纪情况等综合评定。

毕业论文成绩采用百分制，由毕业论文过程评分(占40%)、毕业论文评阅成绩(30%)和毕业论文答辩成绩(30%)3部分组成。其中，有任何一项考核不合格(即单项指标考核分数低于单项总分的60%)，均以毕业论文的成绩不及格计算。

毕业论文的过程评分由指导教师做出评价，主要依据学生的出勤、工作态度，对论文的理解程度及项目的进展情况等进行评价。

答辩成绩由答辩小组评定。答辩小组应根据论文、学生现场报告、学生回答提问3个方面，评定毕业答辩成绩。

如果答辩小组发现指导教师或评阅教师给出的成绩存在明显失当，有权进行调整，但应在答辩小组意见栏做出说明或单独做出书面说明。

2. 评定标准

1) 优秀

(1) 论文选题好，内容充实，能综合运用所学的专业知识，以正确观点提出问题，能进行精辟透彻的分析，并能紧密地结合我国经济形势及企业的实际情况，有一定的应用价值和独特的见解和鲜明的创新。

(2) 材料典型真实，既有定量分析，又有定性分析。

(3) 论文结构严谨，文理通顺，层次清晰，语言精练，文笔流畅，书写工整，图表正确、清晰、规范。

(4) 答辩中回答问题正确、全面，比较深刻，并有所发挥，口语清晰、流利。

2）良好

(1) 论文选题较好，能运用所学的专业理论知识联系实际，并能提出问题，分析问题。对所论述的问题有较强的代表性，有一定的个人见解和实用性，并有一定的理论深度。

(2) 材料真实具体，有较强的代表性。对材料的分析较充分，比较有说服力，但不够透彻。

(3) 论文结构严谨，层次清晰，行文规范，条理清楚，文字通顺，书写工整，图表正确、清楚，数字准确。

(4) 在答辩中回答问题基本正确、中肯，口语比较清晰。

3）中等

(1) 论文选题较好，内容较充实，具有一定的分析能力。

(2) 独立完成，论点正确，但论据不充足或说理不透彻，对问题的本质论述不够深刻。

(3) 材料较具体，文章结构合理，层次比较清晰，有逻辑性，表达能力也较好，图表基本正确，运算基本准确。

(4) 在答辩中回答问题基本清楚，无原则性错误。

4）及格

(1) 论文选题一般，基本上做到用专业知识去分析解决问题，观点基本正确，基本独立完成，但内容不充实，缺乏自己的见解。

(2) 材料较具体，初步掌握了调查研究的方法，能对原始资料进行初步加工。

(3) 文章有条理，但结构有缺陷；论据能基本说明问题，能对材料做出一般分析，但较单薄，对材料的挖掘缺乏应有的深度，论据不够充分、全面。

(4) 文字表达基本清楚，文字基本通顺，图表基本正确，无重大数据错误。

(5) 在答辩中回答问题尚清楚，经提示后能修正错误。

5）不及格

凡论文存在以下问题之一者，一律以不及格论。

(1) 文章的观点有严重错误。

(2) 有论点而无论据，或死搬硬套教材和参考书上的观点，未能消化吸收。

(3) 离题或大段抄袭别人的文章，并弄虚作假。

(4) 缺乏实际调查资料，内容空洞，逻辑混乱，表达不清，语句不通。

(5) 在答辩中回答问题有原则性错误，经提示不能及时纠正。

6）凡属抄袭他人成果或属他人代写的论文，一经发现查实，即取消评阅、答辩资格。

7.3.2 毕业设计的评语要求

毕业论文的评语有两种：一是指导导师意见，二是答辩委员会意见。

1）指导导师意见的写法

指导导师意见，主要是从写作角度对全篇论文作出评价。评价要点如下。

(1) 观点是否正确、鲜明。

(2) 论据是否充分。

(3) 分析是否全面。

(4) 结构是否合理。

(5) 语句是否通顺。

(6) 有无现实指导意义。

2) 答辩委员会意见的写法

(1) 答辩态度如何。

(2) 思路是否清晰。

(3) 回答是否准确。

(4) 语言是否流畅。

(5) 对原文不足方面有无弥补。

应用案例7-2

下面是对某高校英语系一名学生所写论文的评语。

(1) 指导教师意见。该论文从分析英语教学的本质及特征入手，对英语教师的角色的重要性进行了论述。作者通过对中国传统和现代教学模式的比较，论述了新的教学模式中教师所扮演的角色以及教师所应具备的素质。文章论点明确，层次分明，结构比较严谨。该生毕业论文已达到学士论文毕业标准，同意参加毕业论文答辩。

(2) 同行专家评阅意见。该论文在分析英语教学特点及本质的基础上，探讨了英语教师在以学生为中心的教学模式中的角色问题。选题恰当，论点突出，论述较为充分。同意指导老师的意见，论文成绩评定为良好。

(3) 答辩小组意见。该生能在规定时间内比较流利、清晰地阐述论文的主要内容，能恰当回答与论文有关的问题。答辩小组经过充分讨论，根据该生论文质量和答辩中的表现，同意评定论文成绩为良好。

应用案例7-3

下面是对某高校对外贸易系一名学生所写论文的评语。

(1) 指导教师意见。本文讨论了跨文化交际中存在的潜在障碍，并提出了一系列改善交际效果的建议(说具体一点)。作者能够掌握基本理论，对跨文化交际做出了思考。全文结构合理，条理清晰，语言表达比较流畅。但是研究不够深入，分析比较抽象，实证和实例不够充分。但总体来说，该生毕业论文已达到学士学位论文毕业标准，同意参加毕业论文答辩。

(2) 同行专家评阅意见。本文从5个方面讨论了跨文化交际中存在的潜在障碍，并从4个方面突出了克服这些障碍的建议。论述过于宽泛，且缺乏实证。同意指导老师的意见，论文成绩评定为中等(如果不同意，则写：建议该论文评定为XX)。

(3) 答辩小组意见。该生能在规定时间内用英文叙述论文的主要内容，对提出的问题一般能回答，无原则错误。答辩小组经过充分讨论，根据该生论文质量和答辩中的表现，同意评定论文成绩为中等。

第8章 毕业设计论文示例及点评

本章重点在于就某大学就某些学生的毕业设计论文进行分析点评,从而帮助学生了解怎样去更好地撰写论文。

某大学学生张芳的毕业论文,题名为《花生脱壳特性的实验研究》,下面抽取其中前言部分作分析。

1 前 言

1.1 本课题研究的目的和意义

无论在国内还是出口到国外,也无论怎样食用和加工利用、甚至种植,所有的花生都必须脱壳,也就是说花生脱壳的加工量就是它的总产量[1]。传统的花生脱壳方法是手工脱壳,能够满足作业量不大时的需要,虽然效率低但没有花生米的破碎等损伤问题。在花生大面积种植的情况下,人工脱壳远没有办法解决这一问题,而只有利用合适的机械——花生脱壳机。目前一般的花生脱壳机效率都要高出人工10~50倍、甚至更高,但无法像人手一样不出现花生米的损伤[2]。破碎的花生不但会造成巨大的经济损失,而且存在着潜在的危害。破碎的花生因为缺少完整形态、易失油和粘尘埃、易霉变、难以储藏,所以价格只有完好产品价格的1/4~1/3、甚至更低,如果不将其挑选出来,就会影响整个产品的等级、价格,甚至难以出售。损伤的花生米因为没有红衣皮的保护,是产生花生黄曲霉毒菌——导致人体致癌重要毒素污染的重要诱因。因此,许多国家和国际组织都对生产、出口和进口的花生及其产品做出了严格的黄曲霉毒素限量规定,我国近几年也因此在国际市场上付出了巨大的代价[2]。

如果想摆脱现在的状况,关键在于提高机械化。其实花生脱壳是一个很复杂的过程,不仅与机械本身有关系,如滚筒的速度、滚筒之间的间隙、滚筒的材料、动力等因素相关,而且与花生本身的生物物理特性、机械特性、花生的品种、加载位置、加载速率等因素也相关。而目前大多数设计者们往往很少考虑到这些因素,并且致力于花生本身力学特性研究的相关文献较少,更没有完整系统的研究,因此花生脱壳率低、破仁率高的现状一直没有大的突破。要想设计出理想的花生脱壳机,必须考虑到方方面面的因素。为了研制出理想的花生脱壳机械,本文对花生自身的物理特性、机械特性进行了大量的实验,并在实验的基础上借助计算机辅助功能,利用有限元对花生受力进行了仿真分析,为脱壳机械的研制提供了必要的参数。这样的实验研究是有意义的,是值得的。

1.2 国内外花生脱壳的研究现状

花生脱壳损伤是一个一直备受关注的世界性难题[1]。为了减少脱壳破碎、节约人工挑选的成本并保持花生产品在国际市场的竞争优势,美国从20世纪60年代就已经开始研究花生脱壳、降低脱壳损伤的问题,并最终取得了较好的成果且已得以应用。国外一些技术先进的国家(如美国),花生脱壳已经实现了机械化。剥壳设备配套比较齐全,包括输送机、清选机、去石机、脱壳机、光电精选机等;脱壳效率较高,如美国卡特公司生产的5728型五滚筒脱壳机,每小时可剥7000~9000kg,单滚筒脱壳机每小时可剥1500~2000kg;花生米的清洁度和分级均匀性也是好的,但是脱壳部件依然是滚筒-凹版筛式,采用揉搓原理,破碎率依然很不理想[3]。

我国花生脱壳机的研究是从1965年原八机部下达的花生脱壳机研制课题开始的[1]。随着花生经济的发展,花生需求越来越多,花生脱壳机由小型的人力脱壳机到有了分级、清选的大型脱壳机,有了一定的发展,但是脱壳效率、破仁率依然没有大的进展。虽然现有的脱壳原理已经出现了新型技术——压力膨胀法、真空法、激光法[2],但由于各种原因,都难以推广。

1.3 本课题研究的主要内容

其实这些方法的实现与花生本身有着密切的关系,但是有关这方面的研究还不够系统、完整。本文研究的主要内容如下。

(1) 在了解国内外花生等物料特性及坚果类脱壳技术的基础上,对我省市场上主要的花生品种进行大量的实验,即了解花生的物理参数和机械特性。

(2) 通过静力学实验分析,揭示了花生品种、含水率、加载位置对破壳力和破壳变形量的影响。

(3) 设计正交实验,找出花生变形量不大,且产生局部裂纹点多、裂纹具有方向性、容易扩展又不易破碎花生仁的最优条件。

(4) 通过对花生米的静压实验,找出花生壳破裂力与花生米破裂力之间存在的关系,设计时可以根据此关系加载力,能较好地降低破仁率。

(5) 通过所建花生的几何模型和网格模型,对花生在几种载荷作用下的应力分布规律进行分析,找出了花生壳变形量不大、裂纹具有方向性、容易扩展又不易破碎花生仁的最佳施力方式,验证实验的正确性。

分析如下。

本文的题名为《花生脱壳特性的实验研究》,符合该生所学专业农业机械机械化与自动化的培养方案。选题较准确,立意较新颖。文章从现阶段花生脱壳存在的问题(花生脱壳率低,破仁率高)入手,提出从研究花生本身的生物物理特性、机械特性、花生的品种、加载位置、加载速率等因素出发,为脱壳机械的研制提供必要的参数,研制设计出脱壳效果较好的花生脱壳机。此篇毕业论文切合现实的需要,较好地解决了现实生产生活工作中对该内容的需求,具有较强的现实意义或学术价值。

文章前言分析了国内外花生脱壳的研究现状,能基本反映花生脱壳这一领域的前沿与全貌,可看出该生在写论文前搜索了大量与课题相关的资料,对该课题了解得较透彻,另外,该生的论文写作格式很规范,这些都说明该生学习态度端正积极。

在课题研究的主要内容中,表现出该生对课题研究的主要内容思路较清晰,涉及课题的研究面较广,课题选择难度适中,工作量较大。

续《花生脱壳特性的实验研究》论文,取正文的一部分进行分析。

3.3.2.2 含水率对破壳力的影响

为了能够更加清楚地看出含水率与破壳力之间的关系,用 Excel 作图如图 3.8 所示。

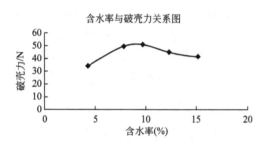

图 3.8 含水率与破壳力的关系图

为了探寻含水率对破壳力的影响,根据以上数据和关系图,进行线性回归,并做方差分析。

1) 回归方程

根据散点图可以看出,在含水率达到 12% 左右,出现了破壳力降低的情况,散点图呈抛物线形状。因此可以选用一元二次多项式来描述含水率与破壳力的关系,即进行一元二次多项式回归[11]。

按照一元二次多项式回归的方法,进行变量转换、进行二元线性回归分析、建立一元二次多项式回归方程、计算相关系数 $R^{2[11,12]}$,得出含水率和破壳力的一元二次回归方程如下:

$$F = -0.4243M^2 + 8.7255M + 5.4372 \qquad (3-4)$$

式中:F 为破壳力;M 为含水率,%。

2) 回归方程的方差分析表

破壳力与含水率的方差分析见表 3-2。

表 3-2 破壳力与含水率的方差分析表

	df	SS	MS	F
回归分析	1	166.818	166.818	32.18343*
残差	3	15.55005	5.18335	
总计	4	182		

注:* 代表置信度为 95% 时,含水率对破壳力的影响差异极显著。

3) 进行 F 检验

查 F 值表，$F_{0.05}(1, 3)=10.1$，$F_{0.01}(1, 3)=34.1$，因为，$F_{0.05}<F<F_{0.01}$，$P<0.05$，表明二元线性回归关系是显著的[11]。

4) 结果分析

从这个结果可以看出，在其他条件一定的情况下，破壳力与含水率存在着线性相关关系。在不同的含水率下，破壳的力学特性是不同的。当含水率低的时候，花生壳的脆性增强，其能够抵抗破裂的能力降低，但含水率增大到一定的值时，花生壳变软，甚至有点腐烂，所以破裂力就相应减少了。

分析如下。

论文在研究花生含水率对破壳力的影响时，运用了计算机软件 Excel 作图，使读者能够更加清楚地看出含水率与破壳力之间的关系，并得到进行线性回归和做方差分析所需数据。然后作者运用所学基础知识求出含水率和破壳力的一元二次回归方程：$F=-0.4243M^2+8.7255M+5.4372$，并通过回归方程的方差分析表得到含水率对破壳力的影响差异极显著的结论。

以上分析说明该生能够较好地熟练综合地运用所学的专业和基础理论知识；专业知识根基扎实，对基本知识、基本理论和基本技能的掌握比较完整和全面；进一步说明该生已经具有较强的基础知识和专业知识，并且具有一定的独立科研能力。

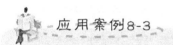 应用案例8-3

续《花生脱壳特性的实验研究》论文，取正文的一部分进行分析。

5.2 有限元分析模型建立

本文采用三维建模软件 Pro/Engineer 对花生进行建模，三维实体造型如图 5.1 所示，然后将文件导入 Ansys 软件。

5.3 有限元计算模型

根据花生的特点和计算精度要求，在花生的有限元分析过程中，选择了计算精度较高八节点的 SOLID185 单元，模型选用的材料属性：弹性模量为 1.427MPa，泊松比为 0.26，结果如图 5.2 所示。

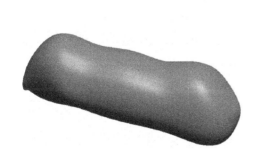
图 5.1 花生的实体模型

图 5.2 花生网格模型

5.4 有限元分析结果

分别对花生的计算模型施加 3 种不同方式的约束,根据前面花生实验所得数据正面加载力为 49.5N,侧面加载力为 62N,顶面加载力为 36.4N 进行约束,对其进行应力分析,分析结果如图 5.3、图 5.4、图 5.5 所示。

从图 5.3 的应力分布图可以看出,花生正面加载时,最大综合应力为 10.9MPa,最大应力出现在花生结合处的圆周部分,较大的应力均分布在结合处周围,实验时也是这样的,结合处容易破裂,但是由图还可以看出,花生侧部及底部也受到了应力,可能会破坏到花生米,影响其完整性。

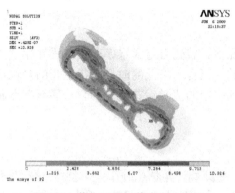

图 5.3　花生正面加载应力分布图

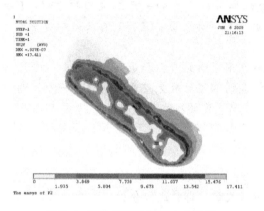

图 5.4　花生侧面加载应力分布图

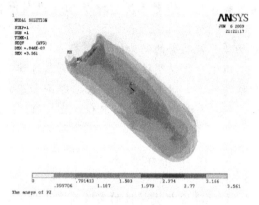

图 5.5　花生顶面加载应力分布图

从图 5.4 的应力分布图可以看出,花生侧面加载时,最大应力为 17.4MPa,平均应力大概为 11MPa,应力分布范围较广,这一范围花生结合也较紧密,壳仁间隙较小,壳不容易破裂,容易压破花生仁。

从图 5.5 的应力分布图可以看出,花生顶面加载时,最大应力只有 3.5MPa,平均应力大概为 1.9MPa,出现在顶部花生尖部,这一部分是花生壳与仁间隙最大的地方,且花生结合地方有应力分布,具有很强的方向性,非常有利于花生壳破裂且变形量最又小,不易破坏到花生仁,是最理想的脱壳方式。这与前面的实验结果分析基本吻合,顶面加载是所需的最佳脱壳方式,这时花生的应力应变分布具有一定的方向性,有利于裂纹的扩展,且变形量较小,不易破坏到花生仁。

分析如下。

论文用现代设计方法,利用三维软件建立了花生模型,并对花生模型进行了有限元分析,从而得到花生顶面加载时,最大应力出现在花生顶部尖处为 3.5MPa,这一部分是花生壳与仁间隙最大的地方,非常有利于花生壳破裂且变形量最小,不易破坏到花生仁,是最理想的脱壳方式的结论。用现代设计方法有限元分析法找到了花生脱壳最理想的地方，并且其与论文前几章实验结果分析相吻合，验证了现代设计方法的正确性。

这些都表明本论文的作者能运用有关基础理论、专业知识和现代设计方法较好地分析实际问题；文章在论证方面显示出一定的深度与广度，进一步表明作者专业知识的根基非常扎实；另外该生经过这次课题的毕业设计，会对有限元软件有初步认识，并能掌握使用有限元的基本步骤，用有限元解决一些简单的机械设计问题，为进一步用有限元软件解决更加复杂的实际问题打下基础。

应用案例8-4

续《花生脱壳特性的实验研究》论文，取结论部分进行分析。

6 结 论

本文通过大量的实验，研究了四川省主要花生品种的物理参数、几何尺寸、机械特性等，在此基础上设计了单因素实验、正交实验，详细地研究了花生品种、加载位置、含水率对破壳力和破壳变形量间的关系，并找出了用力最小变形量不大的最优因素组合，用仿真分析模拟了花生受力状况，结果与实验基本吻合。

(1) 几何尺寸结果表明，花生的长度极差较大，脱壳适合分级处理，花生壳厚可以看作是均匀的，为有限元分析建立基础。

(2) 花生加载部位不同，破壳现象不一样，破壳力也不相同，顶面加载力最小，破壳具有方向性，不易破损到花生仁。品种对破壳力有影响，对破壳变形量是影响不明显。

(3) 含水率与破壳力的关系可以用一元二次回归方程 $F=-0.4243M^2+8.7255M+5.4372$ 来表示，含水率与破壳变形量的关系可以用一元直线回归方程 $S=0.071M+0.595$ 来表示，经检验线性回归分析是显著的。

(4) 通过正交设计，得出对花生破壳力影响最显著的因素为加载位置，而含水率影响较小，品种影响最小。

(5) 在花生的压缩实验中，花生的破壳力大约为40~55N，在花生米的压缩实验中，花生米的破坏力大约为60~85N。花生米的破坏力要比花生壳的破坏力大，大约是花生壳的1.5倍。

(6) 花生的有限元分析结果与实验结果吻合，花生的最佳施力方式为顶面加载。

(7) 由于时间和实验条件关系，本文做得还不够完整，以下方面还需要进一步的深入和研究。

① 花生物理参数中的密度、壳仁比、弹性模量等。
② 正交实验的重复组以及交互作用需要进一步实验研究。
③ 有限元部分的精度可以继续提高。

分析如下。

本论文的作者通过最后结论部分，对整篇论文做了总结，不仅针对论文所作的工作得到的结论,还为课题今后的发展提出了进一步工作的建议。可以看出,作者写作能力强,行文准确,学风严谨。

从整篇论文看,该生的论文主题鲜明、观点正确,论据充分,论述清楚;能够紧密结合农业机械化与自动化专业的基础理论和专业知识,联系实际,认识深刻,有独到的个人见解,体现出一定的理论功底和较好的表达能力。该论文研究设计合理,数据处理方法正确,写作水平较高,符合写作规范。尽管语言仍略显稚嫩,但论文条理清晰、说理充分,观点具有独创性,有一定的参考价值,不失为一篇优秀文章。

应用案例8-5

四川农业大学学生嘉庆的毕业论文题名为《通用半自动钵苗栽植机系统及栽植器设计》,下面为该生的完整论文进行分析。

通用半自动钵苗栽植机系统及栽植器设计

四川农业大学信息与工程技术学院农业机械化及其自动化专业 2005 级　嘉庆

指导教师:四川农业大学　吴晓强副教授

摘要:本设计是针对目前我国钵苗栽植机或多或少地存在栽秧后秧苗直立低,栽植过程中损伤钵苗,工作不可靠,栽植效率低,不能适应我国各地不同的土质,不能满足某些作物对移栽的特殊要求等问题而设计的一种能克服这些问题的、适合我国国情的、半自动钵苗栽植机。该钵苗栽植机是通过对目前我国栽植存在的问题提出各种不同解决这些问题的设计方案,最后经综合分析评价而设计的,基本能解决上述问题,适合在我国大面积推广。

关键词:设计,农业机械,栽植机,钵苗

General-Purpose Semi-Automatic Pot Seedling Transplanter System and Planting Apparatus Design

Jia Qing

Sichuan Agricultural University

Teacher: Wu Xiaoqiang

Abstract: This design aims at solving the problems which existed in the pot seedling transplanter in our country currently. The first problem is that the uprightness of seedlings is more or less low after they have been cultivated. The second problem relates to the operation of the pot seedling transplanter which is unreliable and inefficient and the pot seedling transplanter would hurt the seedlings in the process of planting. The third problem shows that the pot seedling transplanter is not applicable for the different soil in different regions of our country. And it can't meet the special demands of certain crops on transplanting. So, this semi-automatic pot seedling transplanter design has been designed which not only can solve these problems and also conform to the situation in our country. This semi-automatic pot seedling transplanter was designed according to the final comprehensive analysis and evaluation of different design proposals which have been put forwarded to solve these problems which existed in the planting of our country at present. Therefore, this design can basically deal with those above-mentioned problems and it deserves the massive popularization in our country.

Key words: Design, System Design, Agricultural machinery, Transplanter, Pot seedling

随着农业种植结构的调整，蔬菜的种植面积越来越大，而传统栽植方式多以人工移栽为主，劳动强度大，生产率低。现在蔬菜的栽植主要以钵苗栽植为主，目前我国钵苗栽植器有钳夹式、绕性圆盘式、带喂入式、吊筒式、导苗管式等，它们各有各自优点，但都存在一些问题。

钳夹式：株距调整困难，钳夹易伤苗，栽植效率低。绕性圆盘式：圆盘寿命短、只适用纸筒苗栽植，生产效率低，秧苗直立度较低。带喂入式：工作不可靠，秧苗直立度低。吊筒式：工作效率低、在调节株距后不能保证直立度。导苗管式：直立度低。此外它们还有共同的问题：不能满足某些作物对移栽的特殊要求，如大葱和韭菜需要较小的株距，有些蔬菜要求较窄的行距或宽窄行，目前国内没有适合这些特殊要求的栽植机；不能适应各种不同土质的田间秧苗的栽植；各自能栽的作物种类少或单一。因此它们虽都已通过鉴定，但未能在生产中推广使用。随着我国农业机械化的飞快发展，对实现大部分蔬菜钵苗栽植机械化的要求越来越强烈。本文针对上述我国钵苗栽植机存在的问题设计出了一种通用的半自动钵苗栽植机。该钵苗栽植机是通过对目前我国栽植存在的问题，提出各种不同的解决这些问题的设计方案，并最后经综合分析评价而设计的，基本能解决上述问题，适合我国国情，具有很高的推广价值。

此设计针对解决目前我国钵苗栽植机存在的问题的设计要求提出了一系列方案，再进行方案分析最终确定了比较合理的方案，完成了对通用钵苗栽植机的工作的系统设计，由于时间有限而项目较大，只对该栽植机的核心栽植器进行了细致的设计计算。

1 设 计 任 务

目前在国内外研究生产的钵苗栽植机种类较少，主要有绕性圆盘式、带喂入式、吊筒式、导苗管式等，它们地有各自的优点，但都或多或少地存在栽秧后秧苗直立度低，栽植过程中损伤钵苗，工作不可靠，栽植效率低，不能适应我国各地不同的土质，不能满足某些作物对移栽的特殊要求等问题。此设计的任务就是要基本解决上述问题，因此应达到如下要求。

（1）栽植机栽植的株距行距能单独调整，且调整的范围能基本满足绝大部分作物的要求。

（2）栽植的秧苗直立度较高。

（3）能适应不同土质的栽植。

(4) 有较高的生产效率。

2 总体设计方案的确定

2.1 工作原理的选择

经分析实现钵苗栽植的原理主要有如下两种。

Ⅰ 开沟—落苗—覆土—压实

Ⅱ 开穴—落苗—（覆土）—压实

原理Ⅰ的实现所需的机构较简单，但要实现开沟，不同土质的农田对开沟器有不同的要求，将导致栽植机不能广泛地适应各个地区不同土质的钵苗栽植；当要求秧苗行距较窄时，各开沟器开出的沟在堆土过程中要干涉，且导致覆土器覆土困难，在覆土过程还有可能伤到秧苗，因此不能适应窄行距的栽植。

原理Ⅱ的实现所需机构可能相对原理Ⅰ较复杂，但只是在开穴过程中，对不同土质的农田开穴仅是所需的开穴力的大小不同而已，其他影响很小，使得栽植机能广泛地在各个地区不同土质的农田上栽植钵苗；开穴过程不会出现对行距窄不适应的问题且可以省掉了覆土环节，就算有覆土环节也不会在窄行距栽植中发生在覆土困难和伤苗的情况。

通过对原理Ⅰ、Ⅱ的分析比较可以得出原理Ⅱ更具有优越性，能满足设计的任务要求。

2.2 栽植机总体方案的确定

以原理Ⅱ设计此栽植机，通过对实现原理Ⅱ的各种机构的分析，结合设计任务要求最终确定了该栽植机的总体设计方案。将栽植机设计成每个栽植机单体，在工作时将各个单体连接到主机架上，这样可以通过各个单体在主机架的安装位置来调节行距，可以灵活地调节栽植行距，满足各种栽植行距要求。图1为栽植机一个单体的示意图。

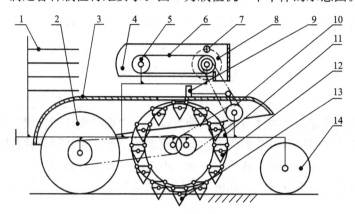

图1 栽植机单体示意图

1—秧苗架 2—地轮 3—机壳 4—排苗器轨道 5—带轮 6—传送带
7—挡块 8—棘轮机构 9—推苗器推杆 10—推苗器曲柄 11—转动盘
12—开穴器 13—开穴刀开启导轨 14—压密轮

在工作前先按要求的行距将栽植机单体连接在主机架上,工作时用拖拉机牵引前进,地轮2在牵引力的作用下转动再通过链带动转动盘11转动,转动盘带动开穴器12使之垂直地插入土中,操作者将钵苗成排推上传送带,钵苗在传送带上打滑处于等待状态,棘轮机构8控制挡块的开闭,以恰当地将钵苗排出,钵苗落到推苗杆上,推苗杆在曲柄10的带动下前推将钵苗推到前方机壳3的开口处,此时钵苗的速度刚好与开穴器的速度相等,落入开穴器12中,开穴器12垂直插入土中后,开穴器12在开穴刀开启导轨13的作用下开启,钵苗落入土中,开穴器12离开土面,随后在压密轮的作用下将钵苗压实,完成一个作业循环。

3 栽植器部件的设计计算

3.1 栽植器的设计

3.1.1 栽植机构的确定

经综合考虑现初步确定了以下两种方案。

Ⅰ：采用周转轮系,如图2所示,齿轮1固定,行星架转动,当齿轮1的齿数与齿轮3的齿数相等时,齿轮3转速降为0,如图在齿轮3上所标记的竖线始终竖直,要是在齿轮3上装上开穴器,则其在运动过程中始终保持直立。

Ⅱ：采用平行四边形机构如图3所示。

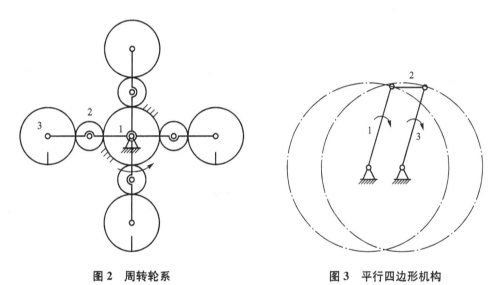

图 2　周转轮系　　　　　　　图 3　平行四边形机构

该机构的运动特点是主动曲柄和从动曲柄均以相同的角速度转动,连杆2作平动。利用连杆2的平动,在连杆2上装开穴器,开穴器能始终保持直立,能保证秧苗垂直落入开穴中。

相比之下方案Ⅰ机构相对较复杂,制造要求较高,且在用该方案设计会对栽植器的栽植株距的调节产生限制。因此采用方案Ⅱ。

3.1.2 栽植机构的扩展和结构的确定

由方案Ⅱ可知曲柄每转一转，栽植器就可以栽一株秧苗，效率比较低，不能达到设计任务要求，为提高生产效率，对栽植机构进行改进，将多个相同的平行四边形机构的机架重合，主、从动曲柄分别按 $\frac{2\pi}{n}$（n 为平行四边机构的数量）等分圆周的分布并固定连接，使得它们同时参与工作，当 $n=6$ 的其布置如图 4 所示。

为了达到能栽植多种株距的设计任务要求，且要求机构结构简化最终确定栽植机构的结构如图 5 所示。

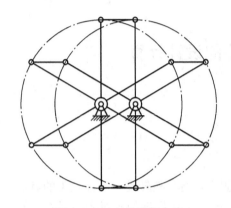 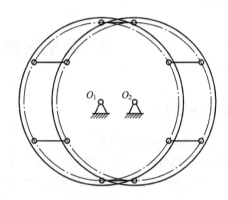

图 4　$n=6$ 时的连杆布置　　　　　图 5　栽植机构结构简图

3.1.3 栽植机构的几何参数的选取

1) 栽植器的运动分析

栽植器上各个连杆的运动轨迹形状是相同的，只是存在相位差而已。因此知道一个连杆的运动分析规律，就能得到其余连杆的运动规律。如图 6 所示，以 A 点为圆点，AB 所在直线为横轴，建立动坐标系 $O'x'y'$，静坐标系固结在地面上，动系相对静系作水平移动，速度为 v_1。曲柄 1 的角速度为 ω_1；曲柄、连杆长度分别为 l_1、l_2，开穴器尖端点 H 到连杆 2 的距离为 h，到转动副 C 的距离为 s，动坐标系水平高度为 h_0。

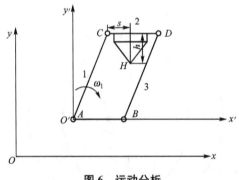

图 6　运动分析

从动系运动经过 y 坐标时计时，列出 H 点的运动方程式：

$$x = x_e + x_r = l_1\cos\left(\varphi - \int_0^t \omega_1 \mathrm{d}t\right) + s + \int_0^t v_1 \mathrm{d}t \qquad (3-1)$$

$$y = y_e + y_r = h_0 + l_1\sin\left(\varphi - \int_0^t \omega_1 \mathrm{d}t\right) - h \qquad (3-2)$$

为了简化对方程式的分析，将栽植机的运动状况理想化，设栽植机工作时的运动为匀速直线运动，即 v_1 为恒定的，由于地轮与栽植器栽植盘的传动比一定，所以 ω_1 也为定值，上述运动方程式就可以简化为

$$x = l_1\cos(\varphi - \omega_1 t) + s + v_1 t \qquad (3-3)$$

$$y = h_0 + l_1\sin(\varphi - \omega_1 t) - h \tag{3-4}$$

2) 地轮对栽植器转动盘的传动比

当 $v_1 > \omega_1 l_1$，即开穴器插到土中最低点时，其还有一个水平向前的速度。开穴器的运动轨迹为短摆线。图7为在UG中运动仿真时开穴器尖端点 H 点的运动轨迹。

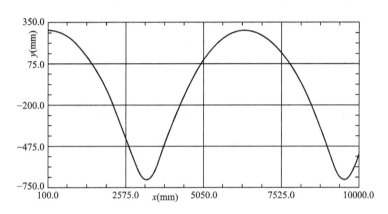

图7 UG仿真图

$\left(l_1 = 500\text{mm},\ l_2 = 200\text{mm},\ s = 100\text{mm},\ h = 200\text{mm},\ h_0 = 0,\ v = 1\text{m/s},\ \omega = 1\text{rad/s},\ \varphi = \dfrac{\pi}{2}\right)$

当 $v_1 < \omega_1 l_1$，即开穴器插到土中最低点时，其还有一个水平向前速度，开穴器的运动轨迹为余摆线，如图8所示。

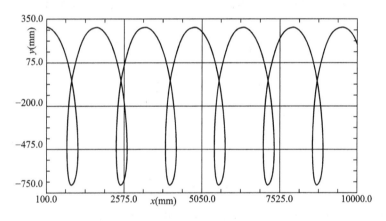

图8 UG仿真图

$\left(l_1 = 500\text{mm},\ l_2 = 200\text{mm},\ s = 100\text{mm},\ h = 200\text{mm},\ h_0 = 0,\ v = 0.5\text{m/s},\ \omega = 2\text{rad/s},\ \varphi = \dfrac{\pi}{2}\right)$

当 $v_1 = \omega_1 l_1$，即开穴器插到土中最低点时，其静止。开穴器的运动轨迹为摆线，如图9所示。

$\left(l_1 = 500,\ l_2 = 200,\ s = 100,\ h = 200,\ h_0 = 0,\ v = 1\text{m/s},\ \omega = 2\text{rad/s},\ \varphi = \dfrac{\pi}{2}\right)$

通过以上分析，可以知道当 $v_1 = \omega_1 l_1$ 时为最佳传动方案。

所以

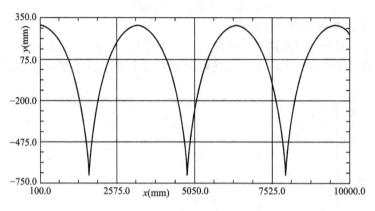

图 9 UG 仿真图

$$\omega_1 l_1 = \frac{\omega_0 l_0}{1-\delta}$$

$$n = \frac{\omega_0}{\omega_1} = \frac{l_1}{l_0}(1-\delta) \tag{3-5}$$

式中：ω_0 为地轮的转动角速度；l_0 为地轮的有效滚动半径；n 为地轮对栽植器转动盘的传动比；δ 为地轮滑转率。

3）栽植器转动盘半径的确定

要确定栽植器转动盘的半径得分析半径对开穴器在土中平移长度的影响，显然平移长度越短，栽植得秧苗直立度越高，栽植质量越好。设秧苗栽入深度为 h'，则可得

$$h_0 + l_1 \sin\left(\varphi - \frac{v_1}{l_1}t\right) - h = h_0 - l_1 - h + h'$$

$$\sin\left(\varphi - \frac{v_1}{l_1}t\right) = \frac{-l_1 + h'}{l_1} \tag{3-6}$$

用 MATLAB 解如下方程组

$$\begin{cases} x = l_1 \cos\left(\varphi - \dfrac{v_1}{l_1}t\right) + s + v_1 t \\ \sin\left(\varphi - \dfrac{v_1}{l_1}t\right) = \dfrac{-l_1 + h'}{l_1} \end{cases} \tag{3-7}$$

得到周期性的 n 个 x 的解，则开穴器在土中平移长度 d 就为

$$d = \min(x_n - x_{n-1}) \tag{3-8}$$

经分析该函数是一个关于 l_1、h' 的增函数，与其他参数无关。因此在选择连杆长度时要综合考虑，结合实习情况，满足能栽植大株距的设计任务要求定栽植器转动盘铰接处的长为：$l_1 = 470$。

经计算当栽植深度为 10cm 时，开穴器在土中的平移长度为 5cm。又由装配要求所以取栽植器转动盘半径：$R = 500$。

4）栽植器株距的调节

由式（3-5）可知，地轮和栽植器转动盘的直径确定后，其传动比就一定了，就不能通过改变地轮和栽植器转动盘传动比来调节株距。因此用调节同时参与工作的连杆数量来调

节株距。经综合考虑栽植器转动盘中最多能参与工作的连杆数为 12 根,所以栽植器转动盘的结构如图 10 所示。

可知此栽植器转动盘同时参与工作的连杆数的种类为:12 根、6 根、4 根、3 根、1 根,即可调株距有 6 种,还远远达不到设计任务要求的多种株距的调节。现进一步对其作改进,如图 11 所示,最多能参与工作的连杆数为 8 根和 10 根的栽植器转动盘(其中图 11(a)为 8 根,图 11(b)为 10 根)。

现将上述 3 个转动盘叠放,使上下两个孔重合,从而得到如图 12 所示的栽植器转动盘。

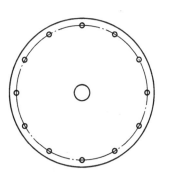

图 10 转动盘结构

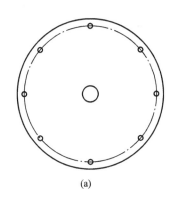

(a)

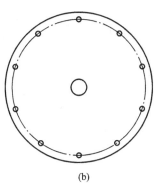

(b)

图 11 转动盘结构

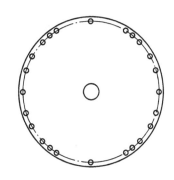

图 12 转动盘结构

上述栽植器转动盘通过对同时参与工作的连杆数的调节能调节出多种栽植,达到设计要求。设株距为 d,同时参与工作的连杆数为 n,则

$$d=\frac{2\pi R}{n}=\frac{2\times 3.14\times 470}{n}=\frac{295}{n}(\text{cm}) \tag{3-9}$$

由式(3-9)可以计算出栽植器转动盘能调节的株距种类,见表 1。

表 1 栽器株距调节范围表

工作杆数量	株距/cm	工作杆数量	株距/cm	工作杆数量	株距/cm
12	24.6	6	49.2	3	98.3
10	29.5	5	59	2	147.5
8	36.9	4	73.8	1	295

3.1.4 栽植器从动轴的设计

1) 从动轴的设计

由相关资料及经验,初步估计出单个栽植器工作所需输入的功率不超过 0.5kW。要求单个该栽植器工作行走速度最大 3km/h。设从动轴的转速为 n,则

$$v=\omega l=\frac{n}{60}\times 2\pi\times l=\frac{n\pi l}{30} \tag{3-10}$$

所以

$$n=\frac{30v}{\pi l}=\frac{30\times 1}{3.14\times 0.47}=20\text{r/min} \qquad (3-11)$$

式中：v 为栽植器工作时最大的行走速度；ω 为转动盘的角速度；l 为转动盘铰接空到盘心的距离。

初步确定轴的最小直径，选择材料为 45 号钢，查手册取 $A_0=114$，于是可得

$$d_{\min}=A_0\sqrt[3]{\frac{p}{n}}=114\times\sqrt[3]{\frac{0.5}{20}}=33\text{mm} \qquad (3-12)$$

取栽植器从动轴最小直径为 36mm，由栽植机结构装配要求，设计出栽植器从动轴，如图 13 所示。

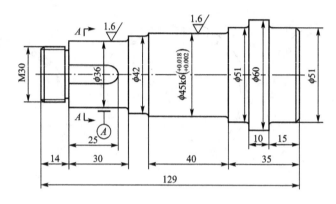

图 13 栽植器从动轴

由于栽植器从动轴的直径选定是大大得放大其受力，选取的直径较大，按此情况设计出来的轴安全系数很高，所以这里没有必要对其进行强度校核。只要在栽植器试制出来在各种地质的田间实验后再进行精确设计校核。

2）轴承的选择

由于工作环境是在田间，环境恶劣，又由不受轴向力选择带密封圈的深沟球轴承；根据轴的尺寸查手册选 61909LS，由于所受轴向力非常小所以不用校核使用寿命。

3.2 开穴器的设计

3.2.1 开穴器总体结构设计

经综合考虑，现有如下设计方案。

Ⅰ：如图 14(a)两个对开式开穴刀 2 在 A、D 点与杯 2 铰接，两开穴刀上 B、C 分别通过拉杆与滑动拉杆铰接在 E 上，滑动拉杆在杯 2 上上下滑动，就能控制开穴刀的开启与关闭。

Ⅱ：如图 14(b)两对开式开穴刀背面开通，两刀铰接在 C 处，C 连接在栽植器上；A、B 分别铰接在杆 1、2 上，杆 1、2 铰接在 O 处，通过控制铰接点 O 的上下滑动来控制开穴刀的开启与关闭。

Ⅲ：如图 15(a)，两对开式开穴到铰接在杯上 O 点，A、B 各自通过拉杆分别与滑杆铰接，滑杆 1、2 在杯上通过滑道上下滑动，通过控制滑杆 1、2 的上下滑动可以控制对开式开穴刀的开启与关闭。

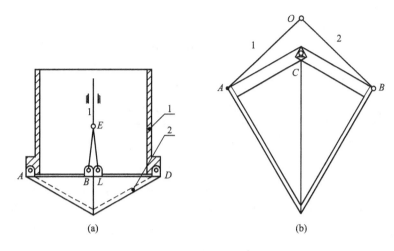

图 14　开穴器方案

Ⅳ：如图 15(b)，左边开穴刀通过 A 点铰接在杯 1 上，右边开穴刀在 B 与连杆 BC 铰接，连杆 BC 在 C 点与杯 1 铰接，两开穴刀铰接在 O 点，通过控制铰接点 O 的移动来控制对开式开穴刀的开启与关闭。

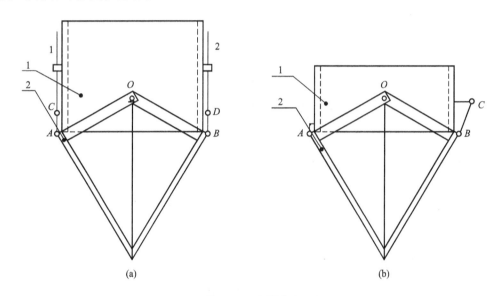

图 15　开穴器方案

方案Ⅰ对开穴器的空间利用充分，开穴器尺寸小，但由于开穴器的运动轨迹是摆线，在整个开穴落苗过程，开穴器的速度始终是向前的，因此在开穴落苗过程，当秧苗未完全落入穴中时会出现开穴器将秧苗往前带的现象，影响秧苗的直立度，情况更严重时会出现损伤秧苗和损毁其根上土壤；方案Ⅱ在开穴刀后方开通，在落苗过程中就不会出现带苗的情况，但不能充分利用空间，尺寸较大；方案Ⅲ兼有方案Ⅱ的优点，该机构尺寸相对较小，但开穴刀在开穴过程中受侧向力后很容易发生向左或向右偏的情况；方案Ⅳ兼有方案Ⅲ的优点，且由受力分析可知在开穴过程不会出现开穴刀偏转的情况。经以上分析选择方案Ⅳ。

3.2.2 铰接点的行程

现在得计算出铰接点从对开式开穴刀闭合到打开到需要的开度时其运动的轨迹,以此作为在回程弹簧和滑动推杆设计时的依据。用解析法做出对开时开穴刀打开到预期开度时的位置,做出铰接点的运动轨迹,如图 16 所示。

图 16 中 OO' 为铰接点的运动轨迹,测得弹簧此时拉长了 34mm,滑动推杆的行程为 34.5mm,取 35mm 作为其以后的设计依据。

3.2.3 回程弹簧设计

一般钵苗的重量在 1kg 以内,为使开穴器在装入钵苗后,钵苗不会压开开穴掉出,作用在铰接点 O 的力应大于 10N,考虑到钵苗在落入开穴器中会产生较小的冲击,因此假设回程弹簧安装后对铰接点 O 的拉力应大于 15N。

弹簧为第 I 类弹簧,选用弹簧材料 70 钢,初定弹簧丝的直径 $d=1$mm,取弹簧外径 $D_2=10$mm,则

中径:$D=D_2-d=10-1=9$mm

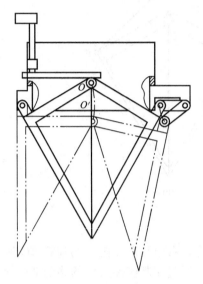

图 16 开穴器工作行程

内径:$D_1=D-d=9-1=8$mm

由栽植器结构,初定弹簧的自由长度为 $H_0=20$mm,选弹簧端部结构为半圆钩环。则

$$H_0=(n+1)\times d+D_1$$

$$n=\frac{H_0-D_1}{d}-1=\frac{20-8}{1}-1=11(圈) \tag{3-13}$$

式中:n 为弹簧的有效圈数。

查手册知该弹簧材料的切变模量 $G=79\times 10^3$MPa,该弹簧的刚度为

$$P=\frac{Gd^4}{8D^3n}=\frac{79000\times 1^4}{8\times 9^3\times 11}=1.23\text{N/mm} \tag{3-14}$$

由弹簧得旋绕比 $C=\frac{D}{d}=\frac{9}{1}=9$,查手册查得弹簧的初切应力 τ_0 为 59~122MPa

取 $\tau_0=80$MPa,则弹簧的初拉力为

$$F_0=\frac{\pi d^3}{8D}\tau_0=\frac{3.14\times 1^3}{8\times 9}\times 80=3.49\text{N} \tag{3-15}$$

弹簧安装到开穴器上的长度为 30mm,此时开穴刀受到的拉力为

$$F=F_0+F_1=F_0+Pd=3.49+1.23\times 10=15.79\text{N}>15\text{N} \tag{3-16}$$

式中:d 为弹簧安装后的伸长量。所以该弹簧符合安装要求。

当开穴刀在滑动推杆的作用下完全打开时,弹簧被拉长 $s=35$mm,此时弹簧的拉力为

$$F_{\max}=F+Ps=15.79+35\times 1.23=58.84\text{N} \tag{3-17}$$

查手册查得 $\sigma_b=2500$MPa,按 I 类载荷

$$[\tau]=0.3\sigma_b=0.3\times 2500=750\text{MPa} \tag{3-18}$$

查手册查得曲度系数 $K=1.16$,则要求材料直径

$$d_0 = 1.6\sqrt{\frac{KF_{\max}C}{[\tau]}} = 1.6 \times \sqrt{\frac{1.16 \times 58.84 \times 9}{750}} = 0.92\text{mm} < 1\text{mm} \quad (3-19)$$

所以，以上对回程弹簧的设计合理。

3.2.4 滑动推杆设计

根据装配和功能要求设计出滑动推杆结构，其工作情况如图 17(a)所示。

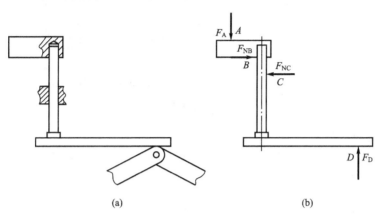

图 17 滑动推杆

滑动推杆受周期性的变应力，现对滑动推杆的受力简化，不讨论开穴器滑道对推杆的摩擦力等对其影响不大的力，对其受的最大应力作校核，可以知道当推杆在即将要达到最大推程时，推杆上受的应力最大。如图 17(b)所示，设此时推杆受到开穴刀的力最大，整个开穴刀在开启过程中受力最大不超过 300N，则

$$F_D = F_{\max} + F_t = 58.84 + 150 = 208.84\text{N} \quad (3-20)$$

现列出力的平衡方程

$$F_D - F_A = 0$$

$$F_{NB} - F_{NC} = 0$$

$$F_D \times l_{AD} - F_{NB} \times l_{BC} = 0$$

式中：F_A 为推杆所受套轨的力；l_{AD} 为套轨施力点到铰接点 O 的垂直距离，79mm；l_{BC} 为开穴器滑道的长度，10mm。

解得

$$F_{NB} = F_{NC} = \frac{F_D l_{AD}}{l_{BC}} = \frac{208.84 \times 79}{10} = 1649\text{N} \quad (3-21)$$

做出滑动推杆的内力图如图 18 所示。

由图 18 可知，滑动推杆在 C 点的截面是最危险的平面（压块的面积大于推杆的面积），现校核 C 处截面的强度。

C 初截面所受得剪应力为

$$\tau = \frac{F_s}{S} = \frac{F_{NB}}{\pi R^2} = \frac{1649}{3.14 \times (2.5 \times 10^{-3})^2} = 84\text{MPa} \quad (3-22)$$

C 处截面的弯曲截面系数为

$$W_z = \frac{1}{32}\pi d^3 = \frac{1}{32} \times 3.14 \times (5 \times 10^{-3})^3 = 4.9 \times 10^{-8}\text{m}^3 \quad (3-23)$$

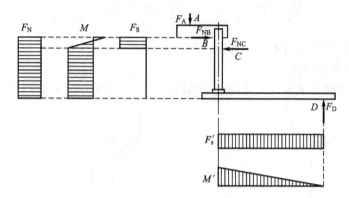

图 18 推杆内力图

C 处截面受的弯矩为

$$M=F_{NB}\times l_{BC}-F_A l_{AB}=1649\times 10\times 10^{-3}-208.84\times 17\times 10^{-3}=12.94\text{N}\cdot\text{m} \quad (3-24)$$

受弯矩引起的最大正应力为

$$\sigma_{max}=\frac{M}{W_z}=\frac{12.94}{4.9\times 10^{-8}}=264\text{MPa} \quad (3-25)$$

C 初截面受正压力引起的正应力为

$$\sigma'=\frac{F_N}{S}=\frac{F_D}{\pi R^2}=\frac{208.84}{3.14\times(2.5\times 10^{-3})^2}=10.6\text{MPa} \quad (3-26)$$

则 C 处切面所受的拉伸合应力为

$$\sigma=\sigma_{max}-\sigma'=264-10.6=253.4\text{MPa} \quad (3-27)$$

查手册得 45 钢的拉伸屈服极限 $\sigma_s=355$MPa,取安全系数 $n=1.5$,则许用应力为

$$[\sigma]=\frac{\sigma_s}{n}=\frac{355}{1.5}=236.7\text{MPa}$$

所以

$$\sigma_{r3}=\sqrt{\sigma^2-4\tau^2}=\sqrt{253.4^2-4\times 84^2}=189.7\text{MPa}\leqslant[\sigma] \quad (3-28)$$

推杆与压块焊接处的强度校核如下。

由受力分析及几何关系可得危险焊缝处受的拉力为

$$F_1=\frac{l_0}{l}F_D=\frac{58.5}{7}\times 208.4=1741.6\text{N} \quad (3-29)$$

受拉焊缝的计算面积为

$$A=\pi(r_1^2-r^2)=3.14\times(11^2-7^2)=226.1\text{mm}^2 \quad (3-30)$$

焊缝所受的拉应力

$$\sigma''=\frac{F_1}{A}=\frac{1741.6}{226.1\times 10^{-3}}=7.7\text{MPa} \quad (3-31)$$

由式(3-31)所得焊缝所受的拉应力远远小于其许用拉应力,其焊件安全可靠。

3.2.5 滑道的设计

由于滑道的作用是使推杆下压将对开式开穴刀压开,对开穴刀没有什么特别的运动要求,只要找到滑动推杆套轮开穴刀闭合时的运动轨迹和在开穴刀完全打开(即下压到最低点)时的运动轨迹,在两轨迹间找一条比较平滑、没有大的冲击的运动轨迹,而且以该轨迹作为滑道容易加工,使开穴器能在合适的时候开启并保持到开穴器出土之前常开,作为滑道的形状。

4 其他零部件的设计方案

4.1 送苗机构方案的确定

4.1.1 推苗器的设计方案

栽植器在工作过程中始终在转动,开穴器一直在作平面运动(包括绕中心的转动和随机器向前运动),因此要顺利地将钵苗喂入开穴器中,得使钵苗在喂入过程中与开穴器保持静止或只产生较小的相对移动。所以设计推苗器的目的就是推动钵苗使其产生一定的速度并顺利地喂入开穴器当中。经考虑现有以下两种方案。

Ⅰ:采用凸轮机构。推苗器的整个工作过程为当推苗杆运动到最低位置即凸轮处于近休止过程时,排苗器将钵苗排到推盘上,凸轮继续运动将钵苗向前推,当达到开穴器的运动速度后将钵苗推推入开穴器中。根据上述要求,为了使凸轮运动冲击相对较小,且满足工作要求,现在初步确定其运动规律如图19所示。

推苗杆在AB段作摆线运动,当速度达到要求的速度v时,进入BC段作匀速直线运动,在CD段为全程摆线运动的后半段,直到速度减为0后,推苗杆达到最远处,然后进入了DE段为全回程的摆线运动规律曲线,在E时刻速度降为0,在EF时刻一直静止。

虽然凸轮机构能实现图19比较理想的预期的运动规律,但可知当同时参与运动的开穴器的个数一定时,转盘对曲柄的传动比就一定了,而同时参于工作开穴器的数量不同其传动比就不同,因此要保证在株距调节后,推苗器还是能达到预期的推苗速度将钵苗推进开穴器,只有改变凸轮的结构。因此这样就会对各种不同的株距而设计不同的凸轮,导致增加成本且降低了栽植机的实用性。

Ⅱ:采用曲柄滑块机构,通过滑块来推动钵苗,如图20所示。

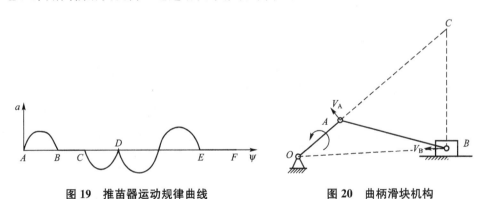

图 19 推苗器运动规律曲线　　　　图 20 曲柄滑块机构

设曲柄OA以角速度ω转动,曲柄OA长为l_{AO},连杆AB长为l_{AB},B点与O点的水平距离为s,竖直高度为h。用速度瞬心法可以解得滑块的运动方程式为

$$V_B = f(l_{AO}, l_{AB}, s, h, \omega) \tag{3-32}$$

要保证在株距调节后，推苗器还是能达到预期的推苗速度将钵苗推进开穴器，可以改变杆件的长度。这个可以通过合理地调节铰接点 A 来实现。这可以将曲柄和连杆做成开槽的，这样很容易实现铰接点的调节。

采用曲柄滑块机构的运动规律不如凸轮机构那么理想，但很容易对铰接点进行调节，所以更具实用性。因此选择方案Ⅱ更合理。

4.1.2 排苗器的设计方案

排苗器的作用就是定时地将钵苗落入推苗器中，经考虑采用传送带运送钵苗，如图 21 所示。

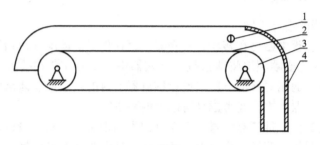

图 21　排苗器示意图
1—挡块　2—传送带　3—皮带轮　4—钵苗轨道

工作时钵苗成排地排在传送带上，带轮不停地转动，在挡块开启时，钵苗在传送带上打滑。棘轮(图中未画出)及时控制挡块的开闭，使钵苗准时落入推苗器中，钵苗在钵苗轨道出口和边传送带的作用下能使钵苗保持直立下落。

4.2　地轮的选择

该栽植机各部件的工作全是靠地轮来带动的，因此在结构设计时应选择能传递大的转矩的轮面形状，由前人设计经验和综合考虑选用拖拉机轮胎，在安装时与拖拉机安装相反其V形花纹向后。选择拖拉机轮胎主要有两个优点：第一由于拖拉机轮胎已经基本形成了标准，这样就能大大降低生产成本；第二在田间传递转矩的效果好，滑移率比其他轮面形状低。拖拉机轮胎的不同参数在不同土质的田间的工作效果不同，在选择时要在进行田间实验后，最后综合评价后再决定具体的选型。

4.3　传动方案

由于要简化栽植结构，且能满足适应不同拖拉机牵引的需要，决定采用用地轮带动各部件的方案，而不采用动力输出轴带动的方案，因为若采用动力输出轴带动的方案，要保证该栽植机的要求就得必须用动力输出轴为非独立式的拖拉机带动。地轮的传动方案主要有 3 种，如图 22 所示。

方案Ⅰ、方案Ⅱ都会产生较大的传动误差，栽植器的正常工作是要推苗器与其良好地配合，因此栽植器应直接带动推苗器，推苗器的很好工作又是由排苗器配合起来的，因此推苗器应直接带

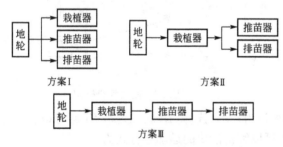

图 22　传动设计方案

动排苗器的棘轮机构(排苗器的带轮对传动没有什么特殊的要求)，这样传动在机械的布置中会节省传动链，且简化了传动机构的布置。所以方案Ⅲ比较合理。

5 设 计 成 果

针对目前我国钵苗栽植机存在的问题，对这些钵苗栽植机的构造工作原理进行了详细的分析，找出它们出现这些问题的原因。提出一系列解决这些问题的方案，为本设计提供设计经验以达到本设计能解决这些栽植机存在的问题。通过对本设计的多种方案设计分析，最后确定了本设计的设计方案并对其关键部件栽植器进行了仔细的设计计算。通过对栽植器的仔细设计分析使栽植器使用、经济方面均比较理想。共设计出了 17 种非标准零件，即转动盘组件、转动盘、栽植器转动轴、圆柱块、转动盘支座、轴承外圈固定套、轴承内圈固定套、支座盖、转动盘销轴、连接杯、内开穴刀、外开穴刀、外开穴刀连杆、滑动推杆组件、推杆、压块、推杆导轮，计算并选用的的标准件有 12 种，即拉簧 A1×9×20、六角螺母 M5、六角头螺栓 M5×22、六角头螺栓 M6×15、销轴 4×19、平垫圈 12、六角螺母 M12、销轴 4×16、开口销 1.6×8、紧定螺钉 M5×8、开口销 4×20、深沟球轴承 61909-LS。绘制的图纸有 13 张非标零件图及总装图、零件图各一张共 14 张，参见附录。栽植器中使用的零件详见表 2。

表 2 栽植器零件明细表

序号	代号	名称	数量	是否标准件	备注
1	GB 2088—1980·Ⅰ	拉簧 A1×9×20	12	是	
2	GB/T 6710 M5	六角螺母 M5	12	是	
3	GB/T 5782 M5×22	六角头螺栓 M5×22	12	是	
4		支座盖	2	否	
5	GB/T 5783 M6×15	六角头螺栓 M6×15	8	是	
6		转动盘支座	2	否	
7	GB 882 4×19	销轴 4×19	24	是	
8		推杆导轮	12	否	
9		转动盘销轴	24	否	
10	GB/T 97.1 12	平垫圈 12	24	是	
11	GB/T 6172 M12	六角螺母 M12	24	是	
12		滑动推杆组件	12	否	
13		推杆	12	否	
14		压块	12	否	

(续)

序号	代号	名称	数量	是否标准件	备注
15		内开穴刀	12	否	
16	GB 882 4×16	销轴 4×16	36	是	
17	GB/T 91 1.6×8	开口销 1.6×8	60	是	
18		连接杯	12	否	
19		外开穴刀连杆	12	否	
20		外开穴刀	12	否	
21	GB/T 71 M5×8	紧定螺钉 M5×8	24	是	
22	GB/T 91 4×20	开口销 4×20	24	是	
23		转动盘组件	2	否	
24		栽植器转动轴	2	否	
25		转动盘	2	否	
26		圆柱块	48	否	
27	GB/T 276—1994	深沟球轴承 61909-LS	4	是	
28		轴承外圈固定套	4	否	
29		轴承内圈固定套	4	否	

6 问题讨论

由于设计时间太短，自己知识储备不够，参考资料又有限，本设计在以下方面还存在一些不足。

（1）在确定转动盘直径时，没有充分利用分析出的函数关系及为找开穴器的尺寸，两转动盘的圆心距与转动盘半径的关系对栽植器工作时开穴器之间不发生运动时，所能安装开穴器最多个数的函数关系。只对其做了定性的分析，因此确定的转动盘直径不一定是最佳的直径。

（2）在对转动盘从动轴的设计时，由于没有在田间实验过，对栽植器工作所需的功率只能凭以往经验粗略地设计，这样导致设计出来的零件尺寸偏大，影响了栽植行距的调节范围。

（3）转动盘的支撑结构设计不理想，经装配后，栽植器的横向尺寸偏大，影响了栽植行距的调节范围。

（4）虽然开穴器设计了几种方案但最终确定的方案还是不理想，开启机构的效率很低，虽然已经对滑动推杆会不会锁住进行了校核，但田间工作环境工作环境恶劣，很可能会发生锁住的情况。

（5）由于经验不足，在零件的结构工艺、润滑等决定时不能判断哪种方案适合本设计。

(6) 设计出栽植器的质量偏大。

参考文献

[1] 吴宗泽. 机械设计师手册(上、下册) [M]. 北京：机械工业出版社, 2002.
[2] 蒋平. 工程力学（Ⅰ、Ⅱ）[M]. 北京：高等教育出版社, 2003.
[3] 成大先. 机械设计手册—常用设计资料 [M]. 北京：化学工业出版社, 2004.
[4] 成大先. 机械设计手册—极限与配合 [M]. 北京：化学工业出版社, 2004.
[5] 沈世德. 实用机构学 [M]. 北京：中国纺织出版社, 1997, 72-90.
[6] 尚书旗, 随爱娜, 张子华. 国外钵苗栽植机的几种类型及性能分析 [J]. 农机与食品机械, 1988, (1): 25-27.
[7] 李宝筏. 农业机械学 [M]. 北京：中国农业出版社, 2003, 110-112.
[8] 戴枝荣. 工程材料及机械制造基础(Ⅰ)工程材料 [M]. 北京：高等教育出版社, 1992, 30-108.
[9] 陈维新. 工程材料 [M]. 北京：高等教育出版社, 1979, 20-65.
[10] 蒋恩臣. 农业生产机械化 [M]. 北京：中国农业出版社, 2003, 123-133.
[11] 陈润方. 农业生产机械化(动力机械分册)[M]. 北京：中国农业出版社, 1987, 80-86.
[12] 何铭新, 钱可强. 机械制图 [M]. 北京：高等教育出版社, 1979, 75-125.
[13] 邱宣怀. 机械设计 [M]. 北京：高等教育出版社, 1997, 2-130.
[14] 罗锡文. 农业机械化生产学（下册）[M]. 北京：中国农业出版社, 2002, 11-120.
[15] 廖念钊, 古莹菴, 莫雨松. 互换性与技术测量 [M]. 北京：中国计量出版社, 2000, 23-75.
[16] 申永胜. 机械原理教程 [M]. 北京：清华大学出版社, 1999, 121-124.
[17] 山东工程学院. 自动喂入式钵苗栽植机 [P]. 中国, 发明专利, 1999, 97105926.
[18] Brewer H L. Experimental static cassette automatic seedling transplanter [A]. ASAE Paper No. 90—1103. St. Joseph, MI, USA: ASAE. 1990.

致谢

在此衷心感谢四川农业大学信息与工程技术学院××副教授在毕业设计过程中对我的细心指导帮助，以及在设计中每一个曾给我帮助的人。

附 录

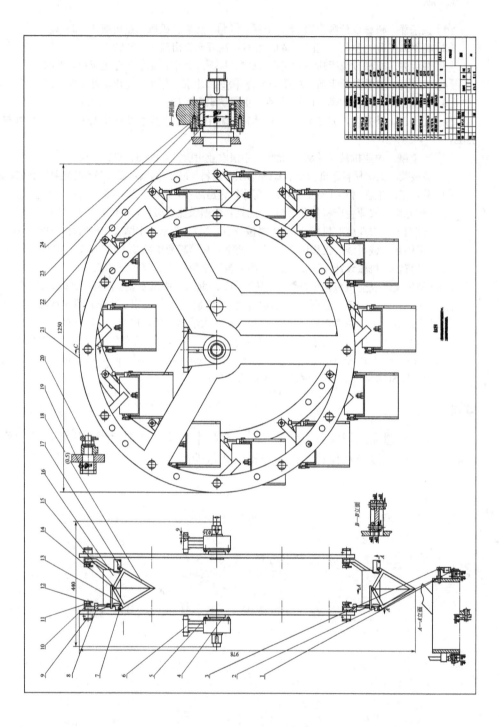

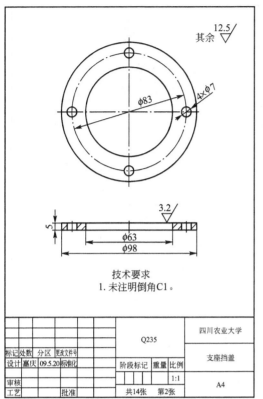

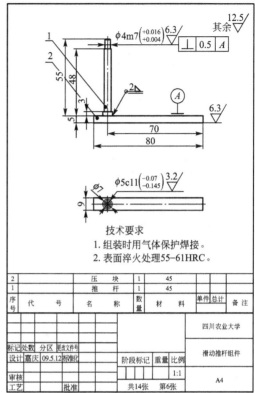

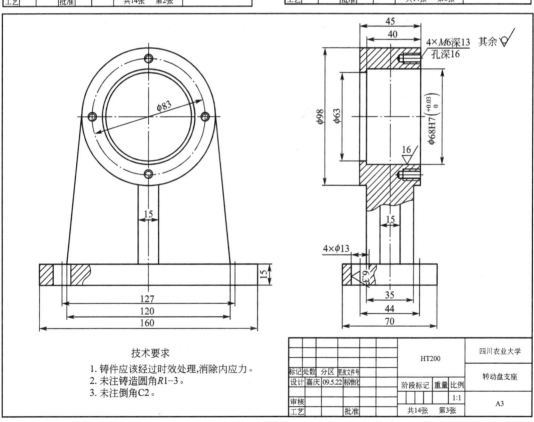

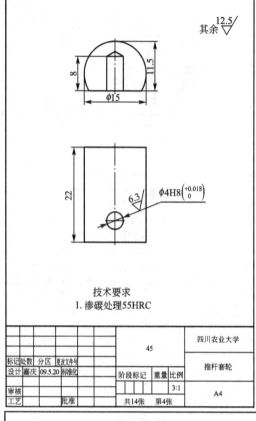

技术要求
1. 渗碳处理55HRC

				45	四川农业大学
标记处数	分区	更改文件号			推杆套轮
设计	嘉庆	09.5.20	标准化	阶段标记 重量 比例	
审核				3:1	A4
工艺			批准	共14张 第4张	

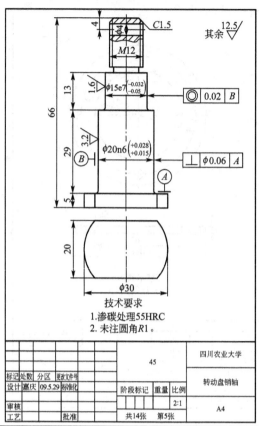

技术要求
1. 渗碳处理55HRC
2. 未注圆角R1。

				45	四川农业大学
标记处数	分区	更改文件号			转动盘销轴
设计	嘉庆	09.5.29	标准化	阶段标记 重量 比例	
审核				2:1	A4
工艺			批准	共14张 第5张	

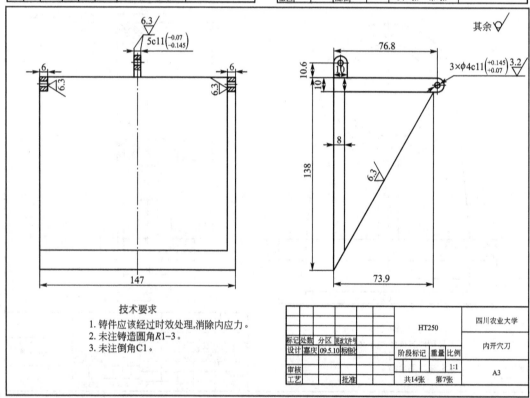

技术要求
1. 铸件应该经过时效处理,消除内应力。
2. 未注铸造圆角R1-3。
3. 未注倒角C1。

				HT250	四川农业大学
标记处数	分区	更改文件号			内开穴刀
设计	嘉庆	09.5.10	标准化	阶段标记 重量 比例	
审核				1:1	A3
工艺			批准	共14张 第7张	

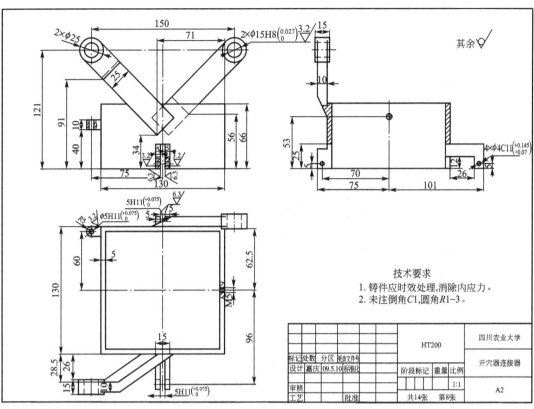

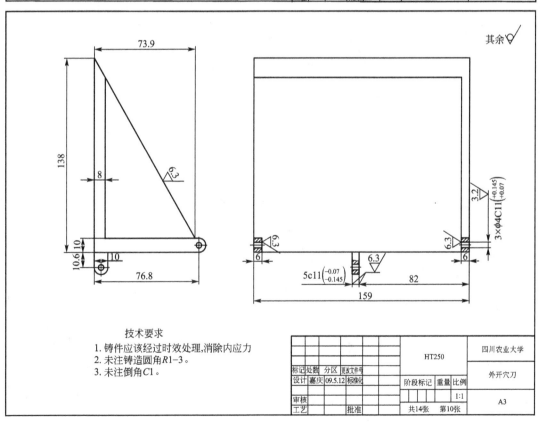

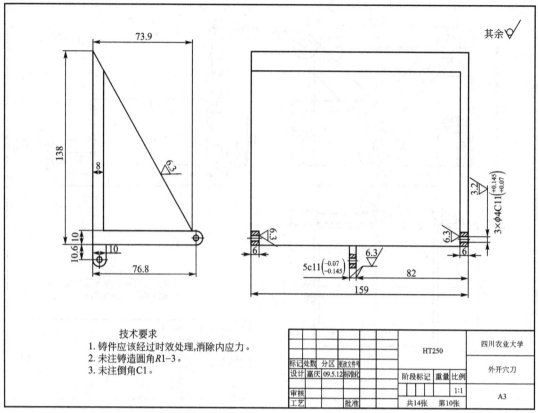

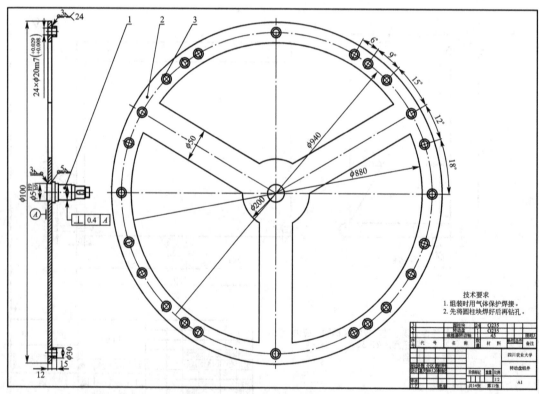

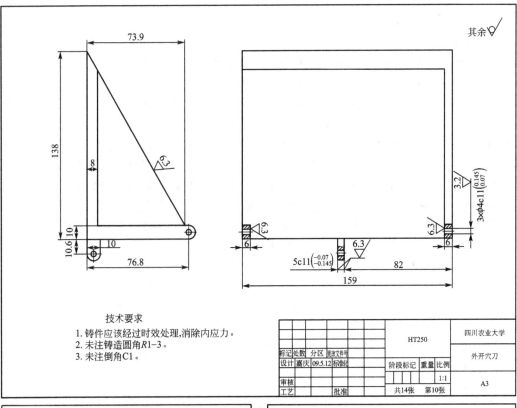

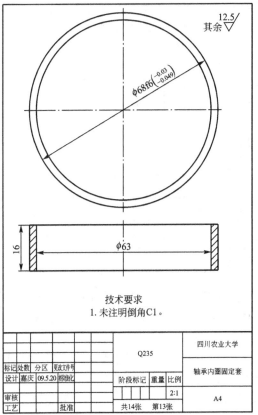

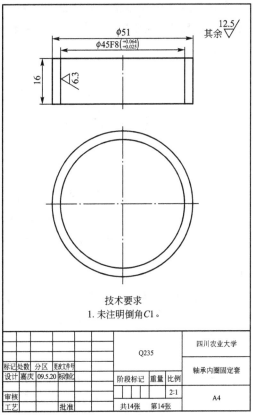

分析如下。

（1）标题。作者选用"通用半自动钵苗栽植机系统及栽植器设计"作为论文命题和标题，符合毕业论文的要求。毕业论文选题结合了农业机械化及其自动化专业，与实践紧密联系。目前，我国钵苗栽植机存在栽秧后秧苗直立度低，栽植过程中损伤钵苗，工作不可靠，栽植效率低，不能适应我国各地不同的土质，不能满足某些作物对移栽的特殊要求等问题，针对上述我国钵苗栽植机存在的问题设计出了一种通用的半自动钵苗栽植机既是农业工作者应关心，也是农业机械管理者切实需要解决的问题，因此有明确的实践意义。作者的选题是合适的。更应肯定的是，作者参与通用钵苗栽植机的工作的系统设计，并对该栽植机的核心栽植器进行了设计实际工作，对钵苗栽植机设计与使用有了更深的认识。现在一些学生在毕业论文选题时，贪"大"，贪"新"，如："花生剥壳机的研究"、"目前四川省农业机械现状的调查研究"等，涉及面宽，在短时间内很难深入研究和全面把握，也难写出好文章来，这样的选题应该避免。

（2）摘要。摘要需总结论文中的主要发现，提供尽可能多的原文内容和定性、定量信息。应包括研究目的、设计与方法、结论。本文的摘要在格式上是符合要求的。

（3）关键词应能提示论文主题内容特征。一般为3～8个词语。本文关键词符合要求。

（4）论文前言部分说明论文命题的目的意义和主要研究方法。此节写得过于简单，应加一些目前国内外的研究现状，且主要研究方法未能体现。

（5）全文经过设计计算，绘制出13张零部件图及一张总装图，其工作量大，研究深入，其设计方案比较合理，设计出的栽植器的结构紧凑新颖。但论文绘图中一些小毛病要注意，如图13栽植器从动轴，其标注不应与中心线重叠，打断中心线或把尺寸标准在图形外。

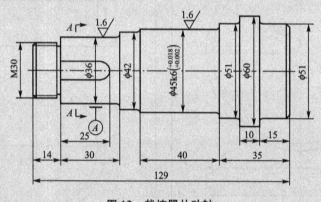

图13　栽植器从动轴

（7）在"问题讨论"段落中，总结了本论文的成果，并提出了设计在一些方面的不足，给以后的设计者提供参考，这一点很好，但一些细节，如总图的明细表，应出现在总装图中，在结论中最好不要出现。

（8）行文及格式要注意。从一些写作细节中，表现了作者写作能力一般。写作水平一般符合写作规范。语言显得有些稚嫩，要加强修改整理。

（9）参考文献是作者阅读过的与论文命题密切相关的文献，引用的出处也要标明页码。参考文献以近3年发表的最为合适，一般不宜超过5年(经典文献不在此例)。本文参考文献格式与内容不太符合基本要求，引用的资料较陈旧，而正文中对参考文献的引用没作标记，不应有此失误。

(10) 致谢写得过于简洁，给人一种应付差事的感觉。

(11) 本课题在整个设计过程中，没有应用到任何优化设计方法，如果该生学些优化设计方面的理论及方法，对栽植器进行优化设计，从而可提高机械设计水平。

从该同学毕业论文的整体来看：论文选题较好，具有理论和实践意义，文题相符，研究设计合理，能运用所学的专业理论知识联系实际，并能提出问题，分析问题。所论述的问题有较强的代表性，有一定的个人见解和实用性，并有一定的理论深度；此毕业设计工作量大，设计结构新颖，显示了该学生扎实的专业基本功，文章结构合理，层次比较清晰，有逻辑性，图表基本正确，运算基本准确；但行文表达上有所欠缺，论文的格式不太规范，如果在这两方面有所改进，本论文不失为一篇好文章。

参 考 文 献

[1] 陈桂良. 毕业论文写作100题 [M]. 杭州：浙江大学出版社，2006.
[2] 董百志，徐明安. 论文写作指南 [M]. 北京：国际文化出版社，2002.
[3] 何庆. 机械制造专业毕业设计指导与范例 [M]. 北京：化学工业出版社，2009.
[4] 教育部高等教育司，北京市教育委员会. 高等学校毕业设计（论文）指导手册 [M]. 北京：高等教育出版社，2008.
[5] 李炎清. 毕业论文写作与范例 [M]. 厦门：厦门大学出版社，2006.
[6] 周家华，黄绮冰. 毕业论文写作指南 [M]. 南京：南京大学出版社，2007.
[7] 渠开选. 怎样写教学论文 [M]. 青岛：青岛海洋大学出版社，2000.
[8] 孙洁. 毕业论文写作与规范 [M]. 北京：高等教育出版社，2007.
[9] 叶振东，贾恭惠. 毕业论文的撰写与答辩 [M]. 2版. 杭州：浙江大学出版社，2004.
[10] 周志高，刘志平. 大学毕业设计（论文）写作指南 [M]. 北京：化学工业出版社，2007.
[11] 朱希祥，王一力. 大学生论文写作指导——规范·方法·范例 [M]. 上海：立信会计出版社，2007.

北京大学出版社教材书目

◆ 欢迎访问教学服务网站 www.pup6.com，免费查阅已出版教材的电子书(PDF 版)、电子课件和相关教学资源。
◆ 欢迎征订投稿。联系方式：010-62750667，童编辑，13426433315@163.com，pup_6@163.com，欢迎联系。

序号	书名	标准书号	主编	定价	出版日期
1	机械设计	978-7-5038-4448-5	郑江，许瑛	33	2007.8
2	机械设计(第2版)	978-7-301-28560-2	吕宏，王慧	47	2018.8
3	机械设计	978-7-301-17599-6	门艳忠	40	2010.8
4	机械设计	978-7-301-21139-7	王贤民，霍仕武	49	2014.1
5	机械设计	978-7-301-21742-9	师素娟，张秀花	48	2012.12
6	机械原理	978-7-301-11488-9	常治斌，张京辉	29	2008.6
7	机械原理	978-7-301-15425-0	王跃进	26	2013.9
8	机械原理	978-7-301-19088-3	郭宏亮，孙志宏	36	2011.6
9	机械原理	978-7-301-19429-4	杨松华	34	2011.8
10	机械设计基础	978-7-5038-4444-2	曲玉峰，关晓平	27	2008.1
11	机械设计基础	978-7-301-22011-5	苗淑杰，刘喜平	49	2015.8
12	机械设计基础	978-7-301-22957-6	朱玉	59	2014.12
13	机械设计课程设计	978-7-301-12357-7	许瑛	35	2012.7
14	机械设计课程设计(第2版)	978-7-301-27844-4	王慧，吕宏	42	2016.12
15	机械设计辅导与习题解答	978-7-301-23291-0	王慧，吕宏	26	2013.12
16	机械原理、机械设计学习指导与综合强化	978-7-301-23195-1	张占国	63	2014.1
17	机电一体化课程设计指导书	978-7-301-19736-3	王金娥，罗生梅	49	2013.5
18	机械工程专业毕业设计指导书	978-7-301-18805-7	张黎骅，吕小荣	32	2015.4
19	机械创新设计	978-7-301-12403-1	丛晓霞	32	2012.8
20	机械系统设计	978-7-301-20847-2	孙月华	39	2012.7
21	机械设计基础实验及机构创新设计	978-7-301-20653-9	邹旻	28	2014.1
22	TRIZ 理论机械创新设计工程训练教程	978-7-301-18945-0	蒯苏苏，马履中	45	2011.6
23	TRIZ 理论及应用	978-7-301-19390-7	刘训涛，曹贺等	35	2013.7
24	创新的方法——TRIZ 理论概述	978-7-301-19453-9	沈萌红	28	2011.9
25	机械工程基础	978-7-301-21853-2	潘玉良，周建军	34	2013.2
26	机械工程实训	978-7-301-26114-9	侯书林，张炜等	52	2015.10
27	机械 CAD 基础	978-7-301-20023-0	徐云杰	34	2012.2
28	AutoCAD 工程制图	978-7-5038-4446-9	杨巧绒，张克义	20	2011.4
29	AutoCAD 工程制图	978-7-301-21419-0	刘善淑，胡爱萍	38	2015.2
30	工程制图	978-7-5038-4442-6	戴立玲，杨世平	27	2012.2
31	工程制图	978-7-301-19428-7	孙晓娟，徐丽娟	30	2012.5
32	工程制图习题集	978-7-5038-4443-4	杨世平，戴立玲	20	2008.1
33	机械制图(机类)	978-7-301-12171-9	张绍群，孙晓娟	32	2009.1
34	机械制图习题集(机类)	978-7-301-12172-6	张绍群，王慧敏	29	2007.8
35	机械制图(第2版)	978-7-301-19332-7	孙晓娟，王慧敏	38	2014.1
36	机械制图	978-7-301-21480-0	李凤云，张凯等	36	2013.1
37	机械制图习题集(第2版)	978-7-301-19370-7	孙晓娟，王慧敏	22	2011.8
38	机械制图	978-7-301-21138-0	张艳，杨晨升	37	2012.8
39	机械制图习题集	978-7-301-21339-1	张艳，杨晨升	24	2012.10
40	机械制图	978-7-301-22896-8	臧福伦，杨晓冬等	60	2013.8
41	机械制图与 AutoCAD 基础教程	978-7-301-13122-0	张爱梅	35	2013.1
42	机械制图与 AutoCAD 基础教程习题集	978-7-301-13120-6	鲁杰，张爱梅	22	2013.1
43	AutoCAD 2008 工程绘图	978-7-301-14478-7	赵润平，宗荣珍	35	2009.1
44	AutoCAD 实例绘图教程	978-7-301-20764-2	李庆华，刘晓杰	32	2012.6
45	工程制图案例教程	978-7-301-15369-7	宗荣珍	28	2009.6
46	工程制图案例教程习题集	978-7-301-15285-0	宗荣珍	24	2009.6
47	理论力学(第2版)	978-7-301-23125-8	盛冬发，刘军	49	2016.9
48	理论力学	978-7-301-29087-3	刘军，阎海鹏	45	2018.1
49	材料力学	978-7-301-14462-6	陈忠安，王静	30	2013.4
50	工程力学(上册)	978-7-301-11487-2	毕勤胜，李纪刚	29	2008.6
51	工程力学(下册)	978-7-301-11565-7	毕勤胜，李纪刚	28	2008.6
52	液压传动(第2版)	978-7-301-19507-9	王守城，容一鸣	38	2013.7
53	液压与气压传动	978-7-301-13179-4	王守城，容一鸣	32	2013.7

序号	书名	标准书号	主编	定价	出版日期
54	液压与液力传动	978-7-301-17579-8	周长城等	34	2011.11
55	液压传动与控制实用技术	978-7-301-15647-6	刘忠	36	2009.8
56	金工实习指导教程	978-7-301-21885-3	周哲波	30	2014.1
57	工程训练(第4版)	978-7-301-28272-4	郭永环,姜银方	54	2017.6
58	机械制造基础实习教程(第2版)	978-7-301-28946-4	邱兵,杨明金	45	2017.12
59	公差与测量技术	978-7-301-15455-7	孔晓玲	25	2012.9
60	互换性与测量技术基础(第3版)	978-7-301-25770-8	王长春等	35	2015.6
61	互换性与技术测量	978-7-301-20848-9	周哲波	35	2012.6
62	机械制造技术基础	978-7-301-14474-9	张鹏,孙有亮	28	2011.6
63	机械制造技术基础	978-7-301-16284-2	侯书林 张建国	32	2012.8
64	机械制造技术基础(第2版)	978-7-301-28420-9	李菊丽,郭华锋	49	2017.6
65	先进制造技术基础	978-7-301-15499-1	冯宪章	30	2011.11
66	先进制造技术	978-7-301-22283-6	朱林,杨春杰	30	2013.4
67	先进制造技术	978-7-301-20914-1	刘璇,冯凭	28	2012.8
68	先进制造与工程仿真技术	978-7-301-22541-7	李彬	35	2013.5
69	机械精度设计与测量技术	978-7-301-13580-8	于峰	25	2013.7
70	机械制造工艺学	978-7-301-13758-1	郭艳玲,李彦蓉	30	2008.8
71	机械制造工艺学(第2版)	978-7-301-23726-7	陈红霞	45	2014.1
72	机械制造工艺学	978-7-301-19903-9	周哲波,姜志明	49	2012.1
73	机械制造基础(上)——工程材料及热加工工艺基础(第2版)	978-7-301-18474-5	侯书林,朱海	40	2013.2
74	制造之用	978-7-301-23527-0	王中任	30	2013.12
75	机械制造基础(下)——机械加工工艺基础(第2版)	978-7-301-18638-1	侯书林,朱海	32	2012.5
76	金属材料及工艺	978-7-301-19522-2	于文强	44	2013.2
77	金属工艺学	978-7-301-21082-6	侯书林,于文强	32	2012.8
78	工程材料及其成形技术基础(第2版)	978-7-301-22367-3	申荣华	69	2016.1
79	工程材料及其成形技术基础学习指导与习题详解(第2版)	978-7-301-26300-6	申荣华	28	2015.9
80	机械工程材料及成形基础	978-7-301-15433-5	侯俊英,王兴源	30	2012.5
81	机械工程材料(第2版)	978-7-301-22552-3	戈晓岚,招玉春	36	2013.6
82	机械工程材料	978-7-301-18522-3	张铁军	36	2012.5
83	工程材料与机械制造基础	978-7-301-15899-9	苏子林	32	2011.5
84	控制工程基础	978-7-301-12169-6	杨振中,韩致信	29	2007.8
85	机械制造装备设计	978-7-301-23869-1	宋士刚,黄华	40	2014.12
86	机械工程控制基础	978-7-301-12354-6	韩致信	25	2008.1
87	机电工程专业英语(第2版)	978-7-301-16518-8	朱林	24	2013.7
88	机械制造专业英语	978-7-301-21319-3	王中任	28	2014.12
89	机械工程专业英语	978-7-301-23173-9	余兴波,姜波等	30	2013.9
90	机床电气控制技术	978-7-5038-4433-7	张万奎	26	2007.9
91	机床数控技术(第2版)	978-7-301-16519-5	杜国臣,王士军	35	2014.1
92	自动化制造系统	978-7-301-21026-0	辛宗生,魏国丰	37	2014.1
93	数控机床与编程	978-7-301-15900-2	张洪江,侯书林	25	2012.10
94	数控铣床编程与操作	978-7-301-21347-6	王志斌	35	2012.10
95	数控技术	978-7-301-21144-1	吴瑞明	28	2012.9
96	数控技术	978-7-301-22073-3	唐友亮,佘勃	56	2014.1
97	数控技术(双语教学版)	978-7-301-27920-5	吴瑞明	36	2017.3
98	数控技术与编程	978-7-301-26028-9	程广振 卢建湘	36	2015.8
99	数控技术及应用	978-7-301-23262-0	刘军	59	2013.10
100	数控加工技术	978-7-5038-4450-7	王彪,张兰	29	2011.7
101	数控加工与编程技术	978-7-301-18475-2	李体仁	34	2012.5
102	数控编程与加工实习教程	978-7-301-17387-9	张春雨,于雷	37	2011.9
103	数控加工技术及实训	978-7-301-19508-6	姜永成,夏广岚	33	2011.9
104	数控编程与操作	978-7-301-20903-5	李英平	26	2012.8
105	数控技术及其应用	978-7-301-27034-9	贾伟杰	46	2016.4
106	数控原理及控制系统	978-7-301-28834-4	周庆贵,陈书法	36	2017.9
107	现代数控机床调试及维护	978-7-301-18033-4	邓三鹏等	32	2010.11
108	金属切削原理与刀具	978-7-5038-4447-7	陈锡渠,彭晓南	29	2012.5
109	金属切削机床(第2版)	978-7-301-25202-4	夏广岚,姜永成	42	2015.1
110	典型零件工艺设计	978-7-301-21013-0	白海清	34	2012.8
111	模具设计与制造(第3版)	978-7-301-26805-6	田光辉	68	2021.1
112	工程机械检测与维修	978-7-301-21185-4	卢彦群	45	2012.9
113	工程机械电气与电子控制	978-7-301-26868-1	钱宏琦	54	2016.3

序号	书 名	标准书号	主 编	定价	出版日期
114	工程机械设计	978-7-301-27334-0	陈海虹, 唐绪文	49	2016.8
115	特种加工(第2版)	978-7-301-27285-5	刘志东	54	2017.3
116	精密与特种加工技术	978-7-301-12167-2	袁根福, 祝锡晶	29	2011.12
117	逆向建模技术与产品创新设计	978-7-301-15670-4	张学昌	28	2013.1
118	CAD/CAM 技术基础	978-7-301-17742-6	刘 军	28	2012.5
119	CAD/CAM 技术案例教程	978-7-301-17732-7	汤修映	42	2010.9
120	Pro/ENGINEER Wildfire 2.0 实用教程	978-7-5038-4437-X	黄卫东, 任国栋	32	2007.7
121	Pro/ENGINEER Wildfire 3.0 实例教程	978-7-301-12359-1	张选民	45	2008.2
122	Pro/ENGINEER Wildfire 3.0 曲面设计实例教程	978-7-301-13182-4	张选民	45	2008.2
123	Pro/ENGINEER Wildfire 5.0 实用教程	978-7-301-16841-7	黄卫东, 郝用兴	43	2014.1
124	Pro/ENGINEER Wildfire 5.0 实例教程	978-7-301-20133-6	张选民, 徐超辉	52	2012.2
125	SolidWorks 三维建模及实例教程	978-7-301-15149-5	上官林建	30	2012.8
126	SolidWorks 2016 基础教程与上机指导	978-7-301-28291-1	刘萍华	54	2018.1
127	UG NX 9.0 计算机辅助设计与制造实用教程(第2版)	978-7-301-26029-6	张黎骅, 吕小荣	36	2015.8
128	CATIA 实例应用教程	978-7-301-23037-4	于志新	45	2013.8
129	Cimatron E9.0 产品设计与数控自动编程技术	978-7-301-17802-7	孙树峰	36	2010.9
130	Mastercam 数控加工案例教程	978-7-301-19315-0	刘 文, 姜永梅	45	2011.8
131	应用创造学	978-7-301-17533-0	王成军, 沈豫浙	26	2012.5
132	机电产品学	978-7-301-15579-0	张亮峰等	24	2015.4
133	品质工程学基础	978-7-301-16745-8	丁 燕	30	2011.5
134	设计心理学	978-7-301-11567-1	张成忠	48	2011.6
135	计算机辅助设计与制造	978-7-5038-4439-6	仲梁维, 张国全	29	2007.9
136	产品造型计算机辅助设计	978-7-5038-4474-4	张慧姝, 刘永翔	27	2006.8
137	产品设计原理	978-7-301-12355-3	刘美华	30	2008.2
138	产品设计表现技法	978-7-301-15434-2	张慧姝	42	2012.5
139	CorelDRAW X5 经典案例教程解析	978-7-301-21950-8	杜秋磊	40	2013.1
140	产品创意设计	978-7-301-17977-2	虞世鸣	38	2012.5
141	工业产品造型设计	978-7-301-18313-7	袁涛	39	2011.1
142	化工工艺学	978-7-301-15283-6	邓建强	42	2013.7
143	构成设计	978-7-301-21466-4	袁涛	58	2013.1
144	设计色彩	978-7-301-24246-9	姜晓微	52	2014.6
145	过程装备机械基础(第2版)	978-301-22627-8	于新奇	38	2013.7
146	过程装备测试技术	978-7-301-17290-2	王毅	45	2010.6
147	过程控制装置及系统设计	978-7-301-17635-1	张早校	30	2010.8
148	质量管理与工程	978-7-301-15643-8	陈宝江	34	2009.8
149	质量管理统计技术	978-7-301-16465-5	周友苏, 杨 飒	30	2010.1
150	人因工程	978-7-301-19291-7	马如宏	39	2011.8
151	工程系统概论——系统论在工程技术中的应用	978-7-301-17142-4	黄志坚	32	2010.6
152	测试技术基础(第2版)	978-7-301-16530-0	江征风	30	2014.1
153	测试技术实验教程	978-7-301-13489-4	封士彩	22	2008.8
154	测控系统原理设计	978-7-301-24399-2	齐永奇	39	2014.7
155	测试技术学习指导与习题详解	978-7-301-14457-2	封士彩	34	2009.3
156	可编程控制器原理与应用(第2版)	978-7-301-16922-3	赵 燕, 周新建	33	2011.11
157	工程光学(第2版)	978-7-301-28978-5	王红敏	41	2018.1
158	精密机械设计	978-7-301-16947-6	田 明, 冯进良等	38	2011.9
159	传感器原理及应用	978-7-301-16503-4	赵 燕	35	2014.1
160	测控技术与仪器专业导论(第2版)	978-7-301-24223-0	陈毅静	36	2014.6
161	现代测试技术	978-7-301-19316-7	陈科山, 王 燕	43	2011.8
162	风力发电原理	978-7-5038-19631-1	吴双群, 赵丹平	49	2011.10
163	风力机空气动力学	978-7-301-19555-0	吴双群	40	2011.10
164	风力机设计理论及方法	978-7-301-20006-3	赵丹平	45	2012.1
165	计算机辅助工程	978-7-301-22977-4	许承东	38	2013.8
166	现代船舶建造技术	978-7-301-23703-8	初冠南, 孙清洁	33	2014.1
167	机床数控技术(第3版)	978-7-301-24452-4	杜国臣	49	2016.8
168	工业设计概论(双语)	978-7-301-27933-5	窦金花	35	2017.3
169	产品创新设计与制造教程	978-7-301-27921-2	赵 波	31	2017.3

如您需要免费纸质样书用于教学，欢迎登陆第六事业部门户网(www.pup6.com)填表申请，并欢迎在线登记选题以到北京大学出版社来出版您的大作，也可下载相关表格填写后发到我们的邮箱，我们将及时与您取得联系并做好全方位的服务。